IL MODELLO DI PROTEZIONE CIVILE PER GLI ENTI LOCALI APPLICANDO IL METODO AUGUSTUS

Vincenzo G. Calabrò

IL MODELLO DI PROTEZIONE CIVILE
PER GLI ENTI LOCALI APPLICANDO
IL METODO AUGUSTUS

Autore: Vincenzo G. Calabrò

ISBN 978-1-4461-2415-4

Novembre 2010 Seconda edizione

Distribuito e stampato da:

Lulu Press, Inc.

3101 Hillsborough Street

Raleigh, NC 27607

USA

IL MODELLO DI PROTEZIONE CIVILE PER GLI ENTI LOCALI APPLICANDO IL METODO AUGUSTUS

Cos'è il Sistema Comunale di Protezione Civile

L'Italia, com'è noto, è un Paese che si deve confrontare quasi quotidianamente con eventi d'origine sia naturale sia dovuti all'azione dell'uomo, cha lasciano ferite tanto profonde che possono essere testimoniate in maniera arida ma efficace dalle cifre: i danni subiti dal nostro Paese per catastrofi di natura geologica dal 1968 al 1987, secondo stime del Ministero del Tesoro, ammontano a quasi 100.000 miliardi, oltre il 65% del territorio nazionale (4.600 comuni) è a rischio idrogeologico, più di 3.000 miliardi sono stati spesi, pari a circa dieci miliardi al giorno e si sono avute oltre 3.500 vittime; 1.500 sono stati i comuni interessati da alluvioni nell'ultimo decennio e i Comuni danneggiati dalle frane sono 2.000 (7 morti per frana al mese); senza considerare i danni causati dal terremoto (120.000 miliardi negli ultimi vent'anni) e le spese fronteggiate per l'emergenza incendi che nel solo mese di luglio 98 ammontano a 1.200 miliardi.

L'impreparazione generale a far fronte all'imprevisto, la difficoltà di cogliere i campanelli d'allarme, le lacune per quanto riguarda organizzazioni e responsabilità sono dovute essenzialmente ad una scarsa diffusione di conoscenze, alla mancanza di dialogo fra le diverse componenti del sistema e di capacità d'intervento di crisi. Sono fattori questi che hanno certamente posto al centro dell'attenzione dell'opinione pubblica e del Governo le tematiche di Protezione Civile: dopo l'emanazione nel 1992 della legge n. 225, che ha istituito il Servizio Nazionale della Protezione Civile, un'importante svolta si è avuta con il decreto legislativo 31 marzo 1998, n. 112 "Conferimento di funzioni e compiti amministrativi dello Stato alle Regioni ed agli Enti Locali, in attuazione del capo I della legge 59/97", che impone chiaramente, quale dorsale del sistema di protezione civile, le regioni e gli enti locali, ai quali sono stati conferiti nuove funzioni e obblighi.

In particolare le novità più rilevanti si registrano in ambito comunale.

Il Sindaco, ai sensi dell'art.15 della l. 24 febbraio 1992, n.225, è prima Autorità Comunale di Protezione Civile e, indipendentemente dalla gravità dell'evento, deve assumere al verificarsi della calamità la direzione e il coordinamento dei servizi di soccorso ed assistenza alla popolazione e, avvalendosi della struttura comunale (anche in virtù del d.m. 28 maggio 1993 che indica tra i servizi indispensabili dei Comuni i servizi di protezione civile, di pronto intervento e di tutela della pubblica sicurezza) provvedere con i mezzi disponibili agli interventi necessari.

Con il d.lgs. 112/98 ai Comuni sono attribuite anche funzioni relative all'attuazione dei programmi di previsione e prevenzione dei rischi e alla predisposizione dei piani comunali d'emergenza.

Ciò significa che la Protezione Civile deve essere vista nel sistema "amministrazione comunale" non solo come la somma di poteri straordinari di cui è investito il Sindaco, quale Ufficiale di Governo, all'atto dell'emergenza, ma, anche e soprattutto, come un servizio stabile e continuativo che il primo cittadino deve assicurare senza soluzione di continuità in termini di programmazione di lungo periodo, d'attività di previsione e prevenzione, di pianificazione, di formazione ed informazione.

Perché il Sindaco possa assolvere a tali funzioni deve predisporre i necessari strumenti amministrativi, operativi e tecnici.

Il seguente lavoro si propone di fornire un "modello" organizzativo di Sistema Comunale di Protezione Civile intergrato da uno schema tipo di piano d'emergenza comunale. E' importante sottolineare subito che nonostante il tentativo d'oggettivizzare le evidenti differenze di grandezza, popolazione e territorio esistenti tra i Comuni italiani, il lavoro proposto vuole essere comunque semplicemente un modello di riferimento estremamente elastico e flessibile, che va adattato alla realtà specifica e calibrato alle necessità e alle disponibilità del singolo Comune. Ciò implica certamente un impegno di spesa da parte dell'Amministrazione Comunale che potrebbe tuttavia essere ridotto, immaginando delle "forme associative e di cooperazione" tra più Comuni (già previste della l.142/90 e ribadite dal d.lgs. 112/98) per l'organizzazione di una sola struttura ed una pianificazione unificata. Se si considera poi che gli eventi disastrosi difficilmente rispettano i limiti amministrativi, l'iniziativa di riunire territori esposti agli stessi rischi per dare una risposta unica e più forte, acquista un significativo ancora maggiore. Il Sistema Comunale di Protezione Civile qui proposto è stato pensato e organizzato considerando l'interscambio che va necessariamente instaurato con le altre strutture gerarchiche sovraordinate, quali quelle Provinciale e Regionali, se già esistenti e operanti sul territorio. Le disposizioni fornite dal d.lgs 112/98, attuativo della legge 59/97, indicano infatti chiaramente la necessità di coordinamento, confronto e scambio con l'organizzazione provinciale per la piena funzionalità della struttura comunale. Tale struttura è stata organizzata in Funzioni di Supporto così come previsto dalla direttiva del Dipartimento della Protezione Civile (oggi Agenzia Nazionale) denominata **Metodo Augustus** e alla luce dei risultati positivi e confortanti ottenuti dai Comuni così strutturati nella gestione delle ultime emergenze.

Alla base della pianificazione si è ritenuto indispensabile porre lo studio del territorio e dei fenomeni ad esso collegati, che deve portare alla realizzazione di cartografie specifiche dei rischi, cartografie di sintesi con i relativi scenari degli eventi attesi e cartografie generali dedicate alla parte operativa del piano per la gestione delle emergenze; questa sezione, "Il territorio comunale", corrisponde alla *Parte A – Parte generale* di qualunque piano di emergenza (Comunale, Provinciale, Nazionale), così come previsto **dal Metodo Augustus**. *La Parte B – Lineamenti della Pianificazione* è stata invece sviluppata all'interno del capitolo "Il Sistema Comunale di Protezione Civile" nel paragrafo dedicato all'organizzazione in funzione di supporto.

Quindi è stato elaborato un metodo procedurale d'intervento per l'attivazione in emergenza di tutta la Struttura di Protezione Civile, focalizzando l'attenzione sulle prime azioni da compiere per una risposta immediata all'evento disastroso o, nel caso di rischi prevedibili, alle prime manifestazioni di peggioramento di situazioni potenzialmente pericolose; questo capitolo corrisponde alla *Parte C – Modello di Intervento* del piano di emergenza, come previsto dal **Metodo Augustus**.

E' stata, inoltre, prevista una sezione dedicata alle procedure amministrative di somma urgenza in cui vengono forniti al Sindaco una serie di strumenti amministrativi finalizzati a facilitare ed accelerare, in situazioni di crisi, l'espletamento e il compimento dei suoi poteri.

Infine un capitolo è stato dedicato agli strumenti necessari per assicurare l'efficienza della Struttura e del Piano e per mantenere costantemente viva l'attenzione degli addetti ai lavori e della popolazione sulle temetiche di protezione civile.

IL SISTEMA COMUNALE DI PROTEZIONE CIVILE

Il Sistema Comunale di Protezione Civile è la struttura che svolge in ambito comunale le attività di protezione civile, sia in situazione di ordinaria sia in emergenza.

In situazione di ordinaria, il **Sindaco**, avvalendosi del **Comitato di Protezione Civile (C.P.C.)**, che ha funzione propositiva, svolge attività di programmazione e pianificazione attraverso l'**Unità Operativa di Protezione Civile (U.O.P.C.)**, che opera con il supporto di tutti gli Uffici Comunali, e in particolare si avvale della collaborazione dell'**Ufficio Tecnico Comunale (U.T.C.)**.

In emergenza, il Sindaco istituisce e presiede il **Centro Operativo Comunale (C.O.C)**, presso il **Centro Polifunzionale di Protezione Civile**. La struttura del C.O.C., cui afferiranno il personale dell'U.O.P.C., dipendenti dei vari Uffici Comunali (e in particolare dell'U.T.C.) e operatori esterni, secondo quanto previsto nel Piano, si configura secondo le **Nove Funzioni di Supporto del Metodo Augustus**, e opera attraverso la **Sala Operativa (S.O.), la Sala Comunicazioni (S.C.) e la Sala Stampa (S.S.)**, in costante collegamento con le **Unità di Crisi Locale (U.L.C.)**, distribuite sul territorio. E' prevista inoltre anche la figura di un **Addetto Stampa** che cura l'informazione alla popolazione e alla stampa sia in situazione ordinaria sia in emergenza.

STRUTTURA E COMPITI

Il Sindaco è a capo del Sistema Comunale di Protezione Civile. E' quindi responsabile di tutte le componenti del Sistema che dipendono da lui. E' tuttavia il Sindaco, in qualità di Ufficiale di Governo e di Autorità di Protezione Civile a dover rispondere di fronte ai cittadini e alle Autorità delle Amministrazioni sovraordinate.

Il Comitato di Protezione Civile è un gruppo costituito con decreto sindacale, con funzioni propositive e consultive di carattere tecnico-pratico, che affianca il Sindaco per organizzare e coordinare le strutture e le attività di Protezione Civile.

L'Unità Operativa di Protezione Civile è la struttura operativa principale del Sistema, n'è a capo il Sindaco che ne coordina l'attività attraverso un Responsabile da nui nominato. E' Ufficio di Protezione Civile, istituito e approvato in base a Regolamento Comunale, e in quanto tale svolgerà sia funzioni tecniche sia amministrative. Tale unità opererà in stretta collaborazione con tutti gli Uffici dell'Amministrazione Comunale che gli offriranno, ognuno nei limiti delle proprie competenze, il supporto necessario affinché svolga sia attività di programmazione, con l'attuazione delle attività di previsione e degli interventi di prevenzione dei rischi e con l'adozione dei connessi provvedimenti amministrativi, sia attività di pianificazione, con la predisposizione del Piano Comunale di Protezione Civile. In situazione di emergenza l'U.O.P.C. diviene il fulcro delle attività di soccorso e di intervento, cui fanno riferimento tutti gli altri Uffici Comunali. Ha la sede presso il Cento Polifunzionale di Protezione Civile del Comune, e la sua struttura dipende in maniera determinante della quantità e dal tipo di rischi che incombono sul territorio.

L'Unità di Crisi Locale è una micro-unità operativa posta in ciascuna frazione del Comune e/o luoghi prescelti dal Sindaco sulla base della pianificazione comunale. Nel caso di Comuni di notevole estensione si può pensare di istituire una U.C.L. in ogni circoscrizione. E' composta da dipendenti comunali degli Uffici periferici e cittadini e/o volontari appositamente selezionati e formati, ed è presieduta da un Responsabile, scelto dal Sindaco, che assume il coordinamento dell'Unità, curando i contatti e i rapporti con l'Unità Operativa Centrale.

Il Centro Polifunzionale di Protezione Civile, costituito con provvedimento del Sindaco, in situazione ordinaria è sede di lavoro dell'Unità Operativa e del Comitato di Protezione Civile, mentre in emergenza diviene sede del C.O.C. e si struttura in sala decisionale, sala operativa, sala comunicazioni e sala stampa. L'ubicazione del centro dovrà essere individuata in un sito territorialmente sicuro, ossia non vulnerabile in qualunque scenario di evento. Tale sede dovrà essere facilmente accessibile in qualsiasi situazione di emergenza e quindi sarà localizzata in prossimità delle più importanti vie di comunicazione, e sarà dotata di un'area sufficientemente ampia per la sosta degli automezzi e l'eventuale atterraggio di elicotteri. In emergenza saranno attivate le quattro sale del centro polifunzionale. Nella sala decisioni siederanno il Sindaco ed i rappresentanti delle funzioni di supporto che si occuperanno di delineare le strategie di intervento, interfacciandosi con il coordinatore della sala operativa. La sala operativa, in costante collegamento con la sala decisionale, ospiterà tutte le componenti operative sempre suddivisa per funzioni di supporto, cercando di rispettare il principio dell'open space che si basa su un costante ed immediato contatto degli operatori. L'accesso a tale sala dovrà quindi essere assolutamente negato a persone che non rientrano tra gli operatori. La sala comunicazioni rappresenta la sede di tutta la strumentazione a cui lavoro gli addetti al protocollo, al fax, alla fotocopiatrice, ai PC, ad internet e al data base, alle radio. Tale spazio, adiacente alla sala operativa, ma assolutamente indipendente, deve garantire i rapporti di tutti gli operatori con l'esterno e l'attivazione di tutte le procedure di smistamento delle segnalazioni pervenute via filo o su carta. La sala stampa, gestita da un Addetto Stampa, che fungerà da portavoce del Sindaco, sarà situata in prossimità della sala operativa e assicurerà i rapporti con i mass-media. L'efficienza del Centro Polifunzionale in emergenza sarà garantita del responsabile della Sala operativa. Occorrerebbe inoltre predisporre uno spazio, possibilmente non immediatamente prossimo al Centro Polifunzionale, che possa fungere da Ufficio di Relazioni con il Pubblico nel corso dell'emergenza, con l'istituzione anche di un sistema di risposta telefonica per che chiede informazioni sul disastro e le sue conseguenze, nonché sulle attività dei soccorritori. Sarebbe inoltre utile l'eventuale richiesta di uno o più numeri verdi.

L'ORGANIZZAZIONE IN FUNZIONI DI SUPPORTO (METODO AUGUSTUS)

La pianificazione di emergenza basata sulla Direttiva dell'Agenzia Nazionale di Protezione Civile dell'11 maggio 1997 denominata "Metodo Augustus" si è rivelata estremamente valida e funzionale. Nata come risposta a decenni di cattiva amministrazione delle emergenze è stata attuata per la prima volta nella gestione del terremoto Umbria e Marche 1997 e viene puntualmente riproposta ed applicata (emergenza frane in Campania del maggio 1998 , emergenza alluvione in Versilia del settembre 1998) con ottimi risultati, dato il bisogno di unitarietà e semplicità negli indirizzi della pianificazione di emergenza. In pratica è stato previsto che, al verificarsi di un evento calamitoso si organizzino i servizi d'emergenza secondo un certo numero di "funzioni di risposta", che rappresentano settori operativi ben distinti ma comunque interagenti, ognuno con proprie competenze e responsabilità.
Il Metodo Augustus prevede per la pianificazione provinciale quattordici Funzioni di Supporto insediate nel C.C.S., ridotte e semplificate a nove per il Centro Operativo Comunale. Per quest'ultima struttura non sono previste specifiche funzioni per l'informazione e per la gestione delle procedure amministrative e di elaborazione informativa dei dati. Ritenendo invece tali problematiche estremamente delicate ed importanti, nel modello ipotizzato accanto ai referenti delle nove Funzioni trovano posto rispettivamente l'Addetto Stampa e il Responsabile della struttura Segreteria e Gestione Dati. Non tutte le Funzioni tuttavia vengono attivate in ogni caso ma, a seconda della gravità dell'evento e quindi sulla base del modello operativo, solo quelle necessarie al superamento dell'emergenza. Per ciascuna Funzione dovranno essere individuati l'organo responsabile, le attività di competenza ed uno o più referenti configurati come collaboratori qualificati ai quali affidare precise mansioni non solo durante l'emergenza, ma anche in situazione ordinaria. Risulta chiaro infatti, che i responsabili delle Funzioni di Supporto devono essere designati anteriormente all'emergenza per poter organizzare e pianificare adeguatamente gli interventi da attuare poi in caso di evento calamitoso.
I responsabili delle funzioni:
Prima dell'evento: raccoglieranno ed aggiorneranno informazioni di specifico interesse attraverso la compilazione di apposite schede raccolta dati, verificheranno la funzionalità delle procedure d'intervento, promuoveranno nei modi più opportuni esercitazioni, protocolli d'intesa, incontri periodici, la collaborazione tra i vari organi e strutture di protezione civile;

Durante l'evento: attueranno gli interventi assegnati dal piano nell'ambito delle proprie funzioni, utilizzando le schede gestione emergenza;
Ad emergenza conclusa: cureranno il "ritorno di esperienza" con l'intento di ottimizzare la capacità operativa del loro settore.
Risulta evidente l'importanza delle esercitazioni come strumento indispensabile per collaudare il sistema, verificare la validità della pianificazione e l'adeguatezza delle risorse, mantenendo così sempre viva l'attenzione ed efficiente la struttura. Applicata integralmente, tale impostazione conduce ad un sistema di protezione civile fortemente orientato alle attività di predisposizione, aggiornamento ed affidamento dei piani di emergenza assegnando a referenti preventivamente individuati, compiti ordinari di importanza tale da non poter essere trascurati.

Funzione 1 – Tecnica e di Pianificazione
Questa funzione ha il compito di creare le condizioni per una pianificazione aggiornata che risulti del tutto aderente alla situazione e alle prospettive del territorio. Si compone essenzialmente di tecnici e professionisti di varia provenienza, dotati di competenza scientifica, di esperienza pratica ed amministrativa.

Funzione 2 – Sanità, Assistenza Sociale e Veterinaria
Questa funzione pianifica e gestisce tutte le situazioni e le problematiche legate agli aspetti socio-sanitari dell'emergenza. Il perfetto sincronismo delle strutture operative del Comune. Delle ASL e del volontariato è una componente fondamentale per il successo degli interventi di soccorso e assistenza. In particolare occorre coordinare i contatti tra le realtà disastrate e la centrale del 118, raccordando i Piani di Emergenza di ciascun Ente fin dalla fase della Pianificazione. Inoltre è necessario dare risposta all'esigenza di attivare il servizio farmaceutico in emergenza, con particolare riferimento alla casistica legata a certe patologie a rischio (cardiopatici, asmatici, psichiatrici, diabetici, etc.)

Funzione 3 – Volontariato
I compiti delle organizzazioni di volontariato variano in funzione delle caratteristiche della specifica emergenza. In linea generale il volontariato è di supporto alle altre Funzioni, offrendo uomini e mezzi per qualsiasi necessità.

Funzione 4 – Materiali e mezzi

E' una Funzione determinante in emergenza che va programmata con pazienza, tenendo costantemente aggiornata la situazione sulla disponibilità dei materiali e dei mezzi nel territorio comunale in relazione agli scenari di evento probabili. Particolare attenzione va tenuta nell'aggiornamento delle risorse relative al movimento di terra, alla movimentazione dei container e alla prima assistenza alla popolazione. Si tenga conto del fatto che una pianificazione approssimata determina la necessità, in emergenza, di dover fare affidamento soprattutto sulla memoria e sulla fantasia delle persone, fermo restando che la capacità personale di organizzazione degli operatori addetti al reperimento e all'invio dei materiali conta comunque moltissimo. Questa funzione si occupa inoltre anche di tutto ciò che attiene ai trasporti, le cui problematiche possono essere considerate affini a quelle dei materiali e mezzi.

Funzione 5 – Servizi Essenziali e Attività Scolastica

Dal momento che in quasi tutti i Comuni la gestione dei Servizi Essenziali (acqua, luce, gas, smaltimento rifiuti ...) è affidata ad esterni (ditte, cooperative) ciascun servizio verrà rappresentato da un referente che dovrà garantire una presenza costante ed un'immediata ripresa di efficienza nel proprio settore. Inoltre tale funzione dovrà garantire il ripristino delle attività scolastiche nei tempi più brevi possibili.

Funzione 6 – Censimento Danni a Persone e Cose

E' questa la Funzione tipica dell'attività di emergenza. L'effettuazione del censimento dei danni a persone e cose riveste particolare importanza al fine di fotografare la situazione determinatasi a seguito dell'evento calamitoso e di seguirne l'evoluzione. I risultati, riassunti in schede riepilogative, sono fondamentali per organizzare in maniera razionale gli interventi di emergenza.

Funzione 7 – Strutture Operative Locali e Viabilità

Questa Funzione predispone, in collaborazione con la Funzione 1 – Tecnica e di Pianificazione, il piano di viabilità d'emergenza e definisce con tutte le strutture operative presenti sul territorio un piano interforze per l'intervento in emergenza sui disastri, coordinatone poi l'applicazione. Risulta chiara, pertanto, la necessità in situazione ordinaria di stabilire contatti periodici tra le varie strutture operative (Polizia Municipale,

Carabinieri, Corpo Forestale, Vigili del Fuoco, Croce Rossa, Guardia di Finanza e Polizia di Stato), ciascuna rappresentata da proprio referente.

Funzione 8 – Telecomunicazioni

Questa Funzione garantisce una rete di telecomunicazione alternativa affidabile anche in caso di evento di notevole gravità. In tali situazioni risulta fondamentale la collaborazione tra i Gestori delle reti di telecomunicazione e le Associazioni di Volontariato esperte di sistemi alternativi.

Funzione 9 – Assistenza alla popolazione

Da questa Funzione vengono svolte una serie di attività intraprese in rapporto alla consistenza del disastro. La presenza sicura, almeno per le prime ore e per i primi giorni, di persone evacuate dalle abitazioni, e in generale la necessità di fare incetta ordinata e giudiziosa dei tantissimi materiali e alimenti che provengono in aiuto, rende necessaria una funzione di questo genere.

Il primo adempimento necessario è quello di assicurare ogni giorno il fabbisogno di pasti caldi, garantendo in poche ore il servizio di catering tramite la realizzazione delle mense in emergenza o approntamento delle cucine campali. In più occorre provvedere ai posti letto necessari per gli sfollati o addirittura per gli operatori, che in teoria dovrebbero essere autosufficienti, ed in realtà non sempre lo sono per vari motivi. Il database del Comune deve essere sempre aggiornato in merito a strutture ricettive e servizi di ristorazione. Altro aspetto delicato è la gestione del magazzino viveri e generi di conforto, in collaborazione con la Funzione 4 – Materiali e Mezzi, ove vengono raccolti tutti gli aiuti che giornalmente arrivano sul luogo del disastro.

Segreteria e Gestione Dati

Questa particolare struttura si occupa sia della gestione amministrativa dell'emergenza sia della raccolta, rielaborazione e smistamento dei dati che affluiscono dalle singole Funzioni di Supporto; dalla sua efficienza dipende molta fortuna di un C.O.C.. Non bisogna dimenticare che trattandosi di utilizzo di fondi e strutture pubblici, fin dall'inizio una gran parte dell'attività del Centro è legata ad atti amministrativi e corrispondenza scritta ed ufficiale, per cui a tale funzione faranno capo anche il servizio di ragioneria e l'ufficio legale.

Addetto Stampa

L'Addetto Stampa riveste un ruolo fondamentale all'interno del Sistema Comunale di Protezione Civile, perché oltre a curare l'informazione durante l'emergenza più assumere un ruolo fondamentale nella diffusione della cultura della protezione civile sia tra la popolazione che tra gli addetti ai lavori con mezzi, strumenti e canali via via differenti a seconda dei soggetti destinatari e del momento.

Funzioni di Supporto del Metodo Augustus

Funzione 1 – Tecnica e di pianificazione

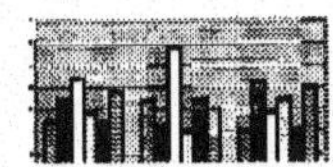

Funzione 6 – Censimento danni a persone e cose

Funzione 2 – Sanità, assistenza sociale e veterinaria

Funzione 7 – Strutture operative locali e viabilità

Funzione 3 – Volontariato

Funzione 8 – Telecomunicazioni

Funzione 4 – Materiali e mezzi

Funzione 9 – Assistenza alla popolazione

Funzione 5 – Servizi essenziali e attività scolastica

Studio di Fattibilità

SCHEDE RACCOLTA DATI

I programmi di Protezione Civile per le attività di previsione e prevenzione dei fenomeni naturali e la relativa pianificazione finalizzata alla gestione dell'emergenza in caso di evento calamitoso non possono assolutamente prescindere da un attento e meticoloso studio del territorio. E' indispensabile dunque, una volta organizzata un'idonea Struttura di Protezione Civile, cominciare la pianificazione proprio dall'inquadramento dell'area comunale, analizzandone, in maniera approfondita, tutti i diversi aspetti, dalla popolazione alla geologia, dalla topografia alle condizioni metereologiche, a tutte le altre caratteristiche che possono essere desunte da una serie innumerevole di fonti. Si pensi, solo per fare qualche esempio, ai dati ISTAT, alle tavolette topografiche dell'IGMI, alla cartografia e alle informazioni in possesso di Regione, Provincia e Comuni, agli studi di Università e Gruppi di Ricerca del CNR, alle indicazioni dell'Agenzia Nazionale di Protezione Civile, ai dati delle Autorità di Bacino, delle Stazioni Metereologiche e delle Reti di Monitoraggio, e a tutte le altre notizie provenienti da enti o strutture preposte allo studio del territorio. In particolare per un corretto inquadramento territoriale si dovranno prendere in considerazione i seguenti assetti, con una descrizione accurata dei singoli punti, corredata da opportuna cartografia:

- assetto amministrativo: coordinate geografiche, superficie, limiti amministrativi, comuni limitrofi, etc.
- assetto della popolazione: numero dei residenti, distinti per classe d'età, stato civile, condizione e sesso in base all'ultimo censimento ISTAT e ai dati aggiornati dell'Ufficio Anagrafe del Comune, e loro distribuzione all'interno del Comune (sottolineando l'eventuale presenza di nuclei sparsi o case isolate); particolare attenzione andrà dedicata ai flussi (turistici se la località è meta turistica, estivi se la località è balneare, di studenti se la località è universitaria, di lavoratori se sono presenti aziende che ne richiamano dall'esterno) stabilendo il tipo, il periodo dell'anno nel quale si concentrano e con quali modalità si manifestano. Inoltre si dovrà effettuare un censimento accurato di tutte le persone "invalide", comprendendo in questa casistica le persone non autosufficienti, quelle afflitte da handicap, le persone

molto anziane e in generale tutte le persone con patologie a rischio (cardiopatici, asmatici, diabetici, psichiatrici, etc.).

- assetto idrografico e orografico: principali corsi d'acqua, andamento dell'alveo, portate massime, principali rilievi etc.
- assetto morfologico e geologico: descrizione del paesaggio, topografia dell'area, formazioni geologiche e loro caratteristiche, inquadramento geomorfologico, uso del suolo, etc.
- assetto climatico: precipitazioni medie (con valori max e min in relazione ai diversi periodi dell'anno), vento (velocità, provenienza e direzione), temperature medie (con valori max e min in relazione ai diversi periodi dell'anno), etc.
- assetto del manto vegetale: descrizione e tipo di vegetazione, densità vegetativa.
- assetto vocazionale: colture prevalenti, attività industriali, attività turistico-culturali, etc.
- assetto urbanistico: zone territoriali, tipologie costruttive, infrastrutture, etc.
- assetto della viabilità: principali vie di comunicazione che attraversano il territorio con le annesse infrastrutture.

Attraverso l'analisi e la descrizione puntuale di tali assetti è possibile definire con sufficiente dettaglio tutte le caratteristiche principali del territorio: resta sottinteso che qualora emergessero situazioni particolari o problematiche specifiche, lo studio andrebbe ulteriormente approfondito e indirizzato in tal senso.

LE RISORSE

Il successo di un'operazione di protezione civile è legato in massima parte all'utilizzo razionale e tempestivo delle risorse realmente disponibili sul territorio, laddove per risorse si intendono gli *uomini* e i *mezzi* da impiegare per i primi interventi e per la gestione dell'emergenza e le *strutture* che ad essi fanno da supporto. Lo studio del territorio comunale va dunque integrato con un'analisi scrupolosa e puntuale di tutto ciò che può esser considerato una risorsa e che quindi può risultare utile per affrontare e superare il verificarsi di un evento calamitoso: uomini (dipendenti comunali, professionisti, volontari, forze dell'ordine), mezzi (autoambulanze, gru, materiali), strutture (sanitarie, scolastiche, alberghiere, campi sportivi), infrastrutture (viabilità, gallerie, ponti), edifici di interesse pubblico (biblioteche, chiese, centri commerciali) ed edifici strategici (casa comunale, caserme, stazione dei Carabinieri).

Il piano di protezione civile dovrà quindi prevedere delle schede in cui tali risorse siano registrate e descritte e soprattutto continuamente verificate e aggiornate: l'aggiornamento costante è infatti l'unico mezzo per avere al momento dell'emergenza la reale situazione di disponibilità delle risorse che possa consentire un'organizzazione e una gestione semplice, immediata ed efficace degli interventi.

A tal fine andrebbero seriamente prese in considerazione le molteplici opportunità offerte oggi dall'informatica per elaborare grandi quantità di dati ed informazioni su basi alfanumeriche e rappresentarle cartograficamente. I G.I.S., Sistemi Informativi Geografici, rappresentano la soluzione ottimale e oggi sono facilmente disponibili sul mercato: associati a database ben adattabili alle finalità della protezione civile, costituiscono senz'altro lo strumento più adatto per ottenere una pianificazione rapida, efficace, e facilmente aggiornabile.

Al di là di questa considerazione, anche senza voler immaginare la creazione di un Sistema Informatico Territoriale, è comunque di primaria importanza non soltanto censire le risorse del territorio ma provvedere a che i dati siano sempre controllati ed aggiornabili.

Va infine precisato che nelle schede di raccolta dati saranno censite tutte le strutture, le infrastrutture e gli edifici presenti sul territorio, sia quelli che potranno essere utilizzati in emergenza come risorse, sia quelli che, al contrario, risulterebbero vulnerabili in quanto coinvolti nell'evento calamitoso: in base agli scenari degli eventi attesi andranno dunque fatte le dovute distinzioni che saranno poi opportunamente rappresentate sulla cartografica per la gestione dell'emergenza.

Un piano di protezione civile deve essere costantemente aggiornato per risultare efficiente in qualsiasi situazione di emergenza. Superata ormai da tempo le concezione di piano come "elenco" di uomini e mezzi, compilato e messo da parte, oggi la pianificazione è invece giustamente intesa come "censimento delle risorse disponibili". Non basta dunque raccogliere "informazioni", ma è indispensabile aggiornarle costantemente, e a ciò dovrebbero provvedere in situazione ordinaria le Funzioni di Supporto, collegate alla "Segreteria e Gestione Dati" che in emergenza diviene poi il centro di riferimento a cui arrivano e da cui ripartano tutte le informazioni.

La raccolta dei dati relativi alle risorse disponibili sul territorio comunale è stata organizzata predisponendo sei schede estremamente sintetiche e semplici da riempire.

Tali schede sono comuni a tutte le Funzioni di Supporto, che le compilano in base alle proprie finalità. La scelta precisa di limitare al minimo il loro numero nasce dall'esigenza di non appesantire inutilmente il piano e di non complicare il dialogo tra le varie Funzioni di Supporto, che devono utilizzare un linguaggio comune e possono dunque scambiarsi i dati facilmente e rapidamente. Il sistema di raccolta dati così strutturato è semplice da gestire e garantisce una discreta funzionalità anche utilizzando un semplice sistema di videoscrittura; è tuttavia chiaro che basterebbe una semplice informatizzazione delle schede per creare un database in grado di rendere più rapidi e immediati l'inserimento, l'aggiornamento e la gestione delle informazioni. Per la visualizzazione su cartografia si può adottare un'apposita simbologia. Accoppiata a tale simbologia la numerazione progressiva delle schede consentirebbe di individuare in maniera univoca quanto evidenziato in cartografia.

Scheda A: Enti ed Esperti

Questa scheda, grazie all'impostazione estremamente schematica può essere utilizzata per raccogliere i dati di base relativi a tutte le componenti e le strutture operative del Servizio Nazionale della Protezione Civile che possono rivelarsi utili per il Sistema Comunale. La compilazione risulta facile e rapida. Nella colonna a sinistra si riportano le informazioni relative all'ente di interesse, in quella a destra i dati del suo referente. Se invece si tratta di un esperto, i suoi dati saranno inseriti nella colonna a sinistra mentre in quella a destra si farà riferimento all'ente cui egli eventualmente risponde. Oltre alle informazioni relative alla localizzazione sul territorio delle strutture e alla reperibilità dei soggetti, nella scheda vanno indicati anche l'ambito territoriale (comunale, provinciale, regionale) e la specializzazione (settore di attività).

Con la dicitura enti si vogliono indicare tutti gli organi, le associazioni, gli istituti, i gruppi di cui il Comune può avvalersi in fase di pianificazione e in situazione di emergenza: per esperti, invece, si intendono soggetti con competenze specifiche, siano essi liberi professionisti o dipendenti pubblici o privati, che possono essere contattati per l'attività comunale di protezione civile.

A - Enti ed Esperti

☐ ENTE	☐ RESPONSABILE
☐ ESPERTO	☐ ENTE DI RIFERIMENTO

NOME			NOME	
Comune			Comune	
Località			Località	
Indirizzo			Indirizzo	
N° civico			N° civico	
Provincia			Provincia	
Telefono			Telefono	
Cellulare			Cellulare	
Fax			Fax	
Freq. radio			Freq. radio	
E-mail			E-mail	
Web			Web	
Ambito territoriale			Specializzazione	
Sezione Censuaria			**Funzioni interessate**	

Scheda B: Invalidi

Il soccorso e l'assistenza alla popolazione in situazione di emergenza rappresentano il primo e più importante impegno che la Struttura Comunale di Protezione Civile si deve assumere. Un'attenzione particolare, in fase di pianificazione, va dedicata alle persone non autosufficienti che in situazioni di emergenza richiedono interventi e cure specifiche. E' quindi assolutamente necessario raccogliere, ed aggiornare costantemente, tutti i dati relativi a questa classe "più debole" della popolazione, studiando gli interventi più efficaci e le soluzioni più adatte per tutelare la loto incolumità. Non basta infatti conoscere il numero complessivo di invalidi presenti sul territorio comunale, ma conviene avere una scheda per ognuno di essi, che riporti accanto a tutte le generalità e ai recapiti, anche informazioni sul tipo di handicap da cui sono affetti, specificando il grado di autosufficienza di cui godono.

B - Invalidi

NOME	
Comune	
Località	
Indirizzo	
N° civico	
Provincia	
U.C.L.	
Telefono	
Cellulare	
Fax	
E-mail	
Deambulante	☐ SI ☐ NO
Assistenza esterna	☐ SI ☐ NO
Tipo di handicap	
Funzioni interessate	
Sezione Censuaria	

NOME	
Comune	
Località	
Indirizzo	
N° civico	
Provincia	
U.C.L.	
Telefono	
Cellulare	
Fax	
E-mail	
Deambulante	☐ SI ☐ NO
Assistenza esterna	☐ SI ☐ NO
Tipo di handicap	
Funzioni interessate	
Sezione Censuaria	

Scheda C – Strutture Sanitarie

Generalmente in situazione di emergenza la Funzione Sanità risulta tra le più organizzate all'interno di C.O.C. e C.O.M. e la macchina dei soccorsi si mette immediatamente in moto da sé. Tuttavia è comunque opportuno disporre già in situazione ordinaria di tutti i dati relativi alle strutture sanitarie presenti sul territorio comunale, per non trovarsi impreparati di fronte ad eventi imprevisti. La scheda è organizzata in maniera molto semplice: accanto alle informazioni sulla singola struttura, sia essa un ospedale, un pronto soccorso, una clinica privata, un istituto specializzato, o anche una farmacia, vanno riportati i dati del responsabile cui è possibile far riferimento in qualsiasi momento. Inoltre ogni struttura è identificata da una sigla che si ritrova sulla carta delle risorse e serve ad indicarne precisamente la localizzazione sul territorio. Per non complicare inutilmente la compilazione della scheda, è stata ridotta al minimo indispensabile la richiesta di altri tipi di dati, dal momento che comunque un contatto diretto e costante con le singole strutture sanitarie garantisce informazioni corrette e continuamente aggiornate.

C - Strutture Sanitarie

Tipologia			**Sigla**	

NOME STRUTTURA			NOME RESPONSABILE	
Comune			Comune	
Località			Località	
Indirizzo			Indirizzo	
N° civico			N° civico	
Provincia			Provincia	
Telefono			Telefono	
Cellulare			Cellulare	
Fax			Fax	
Freq. radio			Freq. radio	
E-mail			E-mail	
Web			Web	

posti letto n°			ambulanze tipo A n°	
sale operat. n°			ambulanze tipo B n°	
medici n°			elisuperficie n°	
paramedici n°			eliambulanze n°	
generatore aut.	☐ SI ☐ NO		piano di sicurezza	☐ SI ☐ NO

reparti:			
	astanteria ☐	medicina generale ☐	pediatria ☐
	cardiologia ☐	neurochirurgia ☐	pronto soccorso ☐
	chirurgia ☐	neurologia ☐	radiologia ☐
	ginecologia ☐	oculistica ☐	tossicologia ☐
	malattie infettive ☐	ortopedia ☐	altro ☐

Sezione Censuaria			**Funzioni interessate**	

Scheda D – Materiali e Mezzi

La gestione dei materiali e dei mezzi in situazione di emergenza è senz'altro tra le operazioni più delicate e, nel contempo, più importanti che deve svolgere il C.O.C. o C.O.M.. Tale incarico è affidato alla Funzione di Supporto 4. Per attivarsi rapidamente e in maniera efficace in situazione di crisi, è necessario che tale Funzione si prepari all'emergenza raccogliendo, e soprattutto aggiornando costantemente, tutti i dati relativi ai materiali e mezzi che possono risultare utili. La prima informazione da inserire riguarda la tipologia del materiale o del mezzo, segue poi la sigla per la localizzazione sulla cartografia, infine tutti i dati relativi alle strutture che li detengono e ai loro relativi responsabili. Sono stati ridotti al minimo gli altri tipi di informazione richiesti, per non rendere troppo difficoltoso il loro aggiornamenti, piuttosto che molte informazioni non attendibili e quindi inutilizzabili. Laddove è possibile, si richiede di indicare anche il settore in cui quel materiale e/o quel mezzo, può essere utilizzato: in tal modo, indirettamente, si conosce anche l'attività specifica svolta dalla ditta specifica.

D - Materiali e mezzi

Tipologia		**Sigla**	

NOME STRUTTURA DETENTRICE		NOME DETENTORE O RESPONSABILE	
Comune		Comune	
Località		Località	
Indirizzo		Indirizzo	
N° civico		N° civico	
Provincia		Provincia	
Telefono		Telefono	
Cellulare		Cellulare	
Fax		Fax	
Freq. radio		Freq. radio	
E-mail		E-mail	
Web		Web	

modello - marca		quantità	
lunghezza - larghezza		quantità concessa	
altezza - peso		tempo reperibilità	

specializzazione:			
	comunicazione ☐	recupero deceduti ☐	allerta popolazione ☐
	rimozione macerie ☐	evacuazioni ☐	ripristino life lines ☐
	interventi su edifici ☐	disinquinamento ☐	antincendio ☐
	attività di soccorso ☐	controllo igiene ☐	arginature ☐
	ricerca dispersi ☐	trasporto ☐	altro ☐

Sezione Censuaria		**Funzioni interessate**	

Scheda E – Aree e Strutture Ricettive

Tra le prime attivazioni in fase di emergenza è prevista la predisposizione delle aree di ammassamento dei soccorritori e di stoccaggio dei materiali, nonché delle aree di attesa e di ricovero per la popolazione. Perché gli interventi in tal senso siano immediati è indispensabile pianificarli in situazione ordinaria individuando tutte le strutture ricettive e le aree pubbliche o private utilizzabili a tal fine. Accanto alle informazioni sulla singola area o struttura, sia essa una scuola, un parco, una palestra, un camping, un albergo, una piazza, vanno riportati i dati del responsabile cui è possibile far riferimento in qualsiasi momento. Inoltre ogni area o struttura è identificata da una sigla che si ritrova sulla carta delle risorse e serve ad indicarne precisamente la localizzazione sul territorio. Le informazioni ulteriori che vengono richieste riguardano essenzialmente le caratteristiche specifiche dell'area o della struttura, la destinazione d'uso e i servizi disponibili. Anche in questo caso l'aggiornamento dei dati risulta fondamentale, in quanto quello che conta in emergenza non sono le risorse potenziali ma quelle effettivamente disponibili.

E - Aree e strutture ricettive

Tipologia		**Sigla**	

NOME AREA O STRUTTURA		NOME DETENTORE O RESPONSABILE	
Comune		Comune	
Località		Località	
Indirizzo		Indirizzo	
N° civico		N° civico	
Provincia		Provincia	

Telefono		Telefono	
Cellulare		Cellulare	
Fax		Fax	
Freq. radio		Freq. radio	
E-mail		E-mail	
Web		Web	

supericie (mq)	coperta ____ scoperta ____ totale ____	proprietà	☐pubblica ☐privata
destinazione area	☐ammassamento ☐attesa ☐ricovero	tipo costruzione	☐muratura ☐cemento armato ☐acciaio

servizi disponibili:	elettricità ☐ generatore ☐ acqua ☐	fognatura ☐ gas ☐ sistema antincendio ☐	scale di sicurezza ☐ elisuperficie ☐ servizi handicappati ☐

anno costruzione		persone ospitabili n°		fabbricati n°	
altitudine (m)		posti letto n°		addetti n°	
volume (mc)		servizi igienici n°		area parcheggio (mq)	
locali n°		mense n °		tipo pavimentazione	

Sezione Censuaria		**Funzioni interessate**	

Scheda F – Edifici Strategici, di Interesse Pubblico e Infrastrutture

In questa categoria di risorse si vuole comprendere non soltanto ciò che comunemente è classificato come infrastruttura (strade, ponti, aeroporti, eliporti, stazioni ferroviarie, gallerie, porti, dighe), ma anche tutte quelle strutture di interesse pubblico presenti sul territorio che in caso di evento risulterebbe altamente vulnerabili: si pensi, solo per fare qualche esempio, ad industrie, università, biblioteche, centri commerciali. Questa prima informazione sarà inserita, come di consueto sarà relazionata attraverso una sigla con la carta risorse. Seguiranno poi le generalità sulla struttura e sul relativo detentore o responsabile. Informazioni più specifiche riguarderebbe le caratteristiche strutturali, l'attività svolta, e il numero di lavoratori e di persone che mediamente afferiscono alla struttura. Di fondamentale importanza sarà sapere se l'edificio o l'infrastruttura è dotata di un piano di sicurezza ad hoc (interno ed esterno). In tale categoria rientrano evidentemente anche gli edifici strategici propriamente detti: casa comunale, caserma, stazione dei Carabinieri.

F - Edifici strategici, di interesse pubblico e infrastrutture

Tipologia			Sigla	

NOME EDIFICIO O INFRASTRUTTURA			NOME DETENTORE O RESPONSABILE	
Comune			Comune	
Località			Località	
Indirizzo			Indirizzo	
N° civico			N° civico	
Provincia			Provincia	
Telefono			Telefono	
Cellulare			Cellulare	
Fax			Fax	
Freq. radio			Freq. radio	
E-mail			E-mail	
Web			Web	

tipo di attività			anno di costruzione	
addetti n°			altitudine	
proprietà	☐ pubblica ☐ privata		superficie (mq)	
antisismica	☐ SI ☐ NO		volume (mc)	
piano ad hoc	☐ SI ☐ NO		utenti medi n°	
Sezione Censuaria			**Funzioni interessate**	

LA CARTOGRAFIA DI BASE

La descrizione del territorio con le sue caratteristiche e le sue risorse, come detto, va integrata con un'opportuna cartografia a scala comunale che rappresenta il patrimonio di informazioni necessarie per realizzare una valida e moderna pianificazione territoriale e di emergenza. Tale cartografia viene prodotta generalmente da Università. Istituti, o Enti preposti allo studio del territorio, dalla Regione, dalla Provincia, ai quali il Comune, attraverso l'Ufficio Tecnico, potrà rivolgersi. Laddove tali elaborati mancassero, il Comune stesso, attraverso i propri Uffici o il Servizio di Protezione Civile, oppure stipulando convenzioni con Università, Istituti, o Enti, dovrà provvedere direttamente alla realizzazione della cartografia corrente. Esistono però degli elaborati di base dai quali non si può in alcun modo prescindere. Di seguito verranno elencate le principali tavole che serviranno come strumento di partenza per conoscere il territorio, per determinare i rischi presenti, individuando le aree maggiormente esposte alle calamità, e per giungere alla complessa e articolata definizione di scenario degli eventi attesi, anche in relazione ai programmi di previsione e prevenzione realizzati dai Gruppi Nazionali di Ricerca, dai Servizi Tecnici Nazionali, dalle Regioni e dalle Province.

- Carta di delimitazione del territorio comunale e provinciale
- Carta dell'uso del suolo comunale e provinciale
- Carta geologica
- Carta geomorfologica
- Carta idrografica
- Carta del bacino idrografico, con ubicazione delle opere idrauliche rilevanti e delle reti di monitoraggio
- Carta dei dissesti, con ubicazione dei sistemi di monitoraggio
- Carte tematiche regionali
- Carta delle infrastrutture
- Carta delle attività produttive
- Carta degli insediamenti civili
- Eventuale altra cartografia su diversi temi, già disponibili presso Istituti di Ricerca, Università, Enti vari.

LA CARTOGRAFIA PER LA GESTIONE DELLE EMERGENZE

Partendo dalla cartografia di base, attraverso l'individuazione dei rischi del territorio e l'elaborazione degli specifici scenari degli eventi attesi, si deve giungere alla realizzazione della cartografia necessaria per pianificare la gestione dell'emergenza. Si tratta di carte ad opportuna scala che, una volta definite le zone maggiormente esposte a rischio:

- evidenziano gli edifici e le strutture più vulnerabili,
- mostrano i possibili percorsi stradari alternativi in caso di danni alla viabilità ordinaria,
- indicano i percorsi che la popolazione deve seguire in caso di attuazione del piano di evacuazione,
- individuano quelle aree e strutture, definite sicure, che possono essere utilizzate per accogliere la popolazione colpita dall'evento calamitoso e tutti gli uomini e i mezzi destinati alle attività di protezione civile.

Tale cartografia rappresenta lo strumento indispensabile per rispondere immediatamente ed efficacemente a qualsiasi calamità, e va costantemente aggiornata dal momento che l'evoluzione del tessuto urbano ed industriale, nonché la dinamicità dei fenomeni naturali, costringono a rielaborare continuamente le carte del rischio ed i relativi scenari cui essa è irrimediabilmente legata. Alla luce di ciò va sottolineato, ancora una volta, l'aiuto fondamentale che potrebbe venire dall'informatica: il Sistema Informatico Territoriale, già citato a proposito della banca dati delle risorse disponibili, oltre a permettere di elaborare una grande quantità di dati ed informazioni su basi alfanumeriche, consente infatti di realizzare elaborazioni grafiche, quali mappe tematiche, e di aggiornarle in qualsiasi momento, con estrema semplicità e rapidità, in base a dati sempre nuovi e attuali, facilitando e accelerando così, notevolmente, l'aggiornamento della pianificazione.

Tra i diversi aspetti citati, l'individuazione e la predisposizione di aree sicure, intese come spazi necessari per le operazioni di assistenza alla popolazione e per il ripristino delle funzioni primarie per la comunità colpita dalla calamità, è uno degli obiettivi primari di una corretta pianificazione d'emergenza: la risposta del sistema di protezione civile sarà tanto più efficace quanto meglio risulterà pianificato tale aspetto. E' dunque di fondamentale importanza affrontare questo discorso in situazione di ordinaria, ossia in fase di pianificazione.

Gli spazi da individuare dovranno essere utilizzati come:

- **aree di attesa**, ossia punti di raccolta e di prima assistenza della popolazione al verificarsi dell'evento calamitoso,
- **aree di ricovero**, cioè luoghi e strutture idonee ad assicurare l'assistenza abitativa di emergenza alla popolazione evacuata,

- **aree di ammassamento soccorritori e risorse**, ossia spazi adeguati per il deposito di forze e risorse di protezione civile.

Queste aree da destinare ai diversi usi di protezione civile dovranno possedere dei requisiti specifici in modo da risultare adatte ad affrontare tutte le necessità che insorgono in fase di emergenza. In particolare saranno condizioni imprescindibili:

la sicurezza: dovranno essere situate in zone non vulnerabili a qualsiasi tipo di rischio previsto, né in generale a situazioni di pericolo. Quindi, ad esempio, saranno lontane dalle aree di esondazione, da edifici a rischio di crollo, da versanti in frana, da industrie pericolose, da zone con condizioni meteorologiche particolarmente avverse;

la funzionabilità: dovranno essere predisposte per l'allacciamento a tutti i servizi essenziali (elettricità, acqua, fognatura, gas, linee telefoniche);

l'accessibilità: dovranno essere dotate di opportune vie di accesso, utilizzabili con qualsiasi scenario di evento, e di pochi percorsi carrabili principali per l'attraversamento interno, adeguatamente protetti.

Inoltre andranno attentamente valutate le dimensioni di tali aree: la loro ampienza sarà funzione dell'uso specifico che se ne dovrà fare.

E' indubbio che allestire degli spazi ai soli fini di Protezione Civile risulta limitativo, vincolante e probabilmente improduttivo. Una soluzione, adottata già con successo dalla Regione Toscana, consiste nell'applicare a tali aree il concetto di "polifunzionalità", individuando cioè funzioni ed esigenze per uno sviluppo turistico-commerciale e culturale da sviluppare parallelamente alle attività di protezione civile. Molto spesso lo sviluppo di attività economico-sociali di alcune realtà locali non riesce a decollare proprio per mancanza di spazi e strutture adeguate. L'approfondimento del principio della polifunzionalità dovrà essere recepito da tutte le categorie e associazioni di categorie favorevoli all'incentivazione delle proprie attività quali, per esempio, mercati, fiere, manifestazioni turistico-culturali, spettacoli, ritrovi per camperisti. Tutte queste attività hanno la peculiarità di essere temporanee e necessitano di spazi, attrezzature e servizi essenziali (allacci alla rete elettrica, telefonica, all'acquedotto) simile a quelli richiesti per un'area di protezione civile. Oltretutto si tratta di aree classificate, dal punto di vista urbanistico, come zone territoriali omogenee F, pertanto "aree del territorio destinate ad attrezzature ed impianti di interesse generale"; non solo: tali lottizzazioni fatte dai Comuni, anche consorziati, finalizzate allo svolgimento di più funzioni, possono costituire il requisito preferenziale per l'assegnazione di eventuali stanziamenti regionali o per l'accesso ai fondi comunitari disponibili per tali scopi. E infine, nel caso di un Comune non eccessivamente esteso si può pensare anche di individuare e predisporre aree che siano al servizio di più realtà comunali, baricentriche rispetto al territorio esposto al rischio, così da ridurre ulteriormente le spese di organizzare e di gestione.

In sintesi dunque il piano di protezione civile dovrebbero fornire anche una dettagliata cartografia da utilizzare immediatamente in caso di evento calamitoso, e in particolare non dovranno mancare, in allegato al modello operativo di intervento:

- cartografia delle aree di ammassamento, attesa e ricovero;
- cartografia degli edifici strategici e loro eventuale rilevamento della vulnerabilità;
- carta delle tipologie costruttive;
- carta della rete viaria e ferroviaria, dei porti, aeroporti ed eliporti;
- carta dei percorsi da seguire in caso di evacuazione.

I RISCHI E GLI SCENARI DEGLI EVENTI ATTESI

L'Italia, come noto, è uno dei paesi a più alto rischio idrogeologico, tuttavia non mancano terremoti, vulcani e ampie aree boschive soggette ad incendi. La conoscenza dei rischi che incombono sul territorio è la condizione indispensabile per poterli ridurre poiché la paura e l'incapacità di gestire le emergenze derivano proprio dall'ignoranza.

Attraverso l'analisi storico-statistica degli eventi accaduti nel passato ed un meticoloso studio del territorio si giunge alla individuazione dei principali rischi cui il territorio è soggetto e alla loro classificazione per natura e gravità. Determinati i rischi, vengono quindi individuate le aree maggiormente esposte e di conseguenza realizzate apposite mappe o carte di rischio: strumento indispensabile per la determinazione degli scenari degli eventi attesi.

In linea di massima possiamo classificare i principali rischi che si riscontrano sul nostro territorio nel seguente modo:

Rischi Naturali: idrogeologico, valanghe, neve, incendi boschivi, sismico,vulcanico.

Rischi Industriali: depositi di gas-idrocarburi, industrie chimiche, rifiuti industriali, altre industrie, trasporti di sostanze pericolose.

Rischi Sociali: collettivi, manifestazioni, arrivo di profughi.

Per ciascun tipo di rischio va determinato lo scenario dell'evento massimo atteso mettendo in relazione gli eventi massimi verificatesi nel passato con precisi parametri di rischio, ossia la pericolosità (probabilità di accadimento del fenomeno), il valore esposto (valore dei beni e distribuzione antropica) e la vulnerabilità (percentuale del valore esposto che andrebbe perduta o danneggiata in casi evento). Lo scenario così

determinato rappresenta, quindi, l'impatto dell'evento sul territorio ed è uno strumento per la pianificazione: conoscere l'estensione e gli effetti dell'evento permette di predisporre e coordinare gli adeguati interventi di soccorso a tutela della popolazione e delle strutture.
I rischi possono essere classificati fra prevedibili e non, per esempio rischi prevedibili possono essere: alluvioni, frane, dighe, neve, vulcanico e industriale; mentre fra i non prevedibili: valanghe, incendi boschivi, sismico, industriale e sociale. L'archiviazione di quest'ultimi possono creare un precedente ed una guida per il futuro anche per similitudine.

IL MODELLO OPERATIVO DI INTERVENTO

Questa sezione strettamente operativa propone di fatto una serie di procedure di intervento da attivare in caso di evento calamitoso. La prevedibilità di alcuni rischi consente di seguire l'evoluzione di un evento dalle sue prime manifestazioni, e quindi di organizzare preventivamente gli interventi per fronteggiare l'emergenza.
A questo scopo risulta fondamentale una corretta gestione degli avvisi, ossia di tutti quei messaggi o comunicazioni, generalmente scritti, che arrivano alle strutture di Protezione Civile ponendo l'attenzione su situazioni che potenzialmente possono rivelarsi a rischio per persone o cose. L'avviso costituisce quindi il primo segnale di possibile pericolo incombente che necessariamente deve essere tenuto in considerazione per far scattare le prime procedure di attivazione del Piano di Protezione Civile.
Al fine di una risposta pronta del sistema è opportuno stabilire, quando possibile, dei protocolli d'intesa con i soggetti mittenti questo tipo di comunicazioni. Ciò significa essenzialmente concordare con il supporto della Comunità Scientifica le soglie degli indicatori di rischio prevedibile, tenuti sotto controllo dalle reti di monitoraggio, oltre le quali far scattare le diverse fasi operative del modello di intervento.
Dunque è importante considerare attentamente tutti i tipi di comunicazioni, anche se non ufficiali o non convenzionali, che, previa verifica e valutazione, possono rivelarsi dei preziosi avvertimenti. L'attivazione del piano, che costituisce di fatto la risposta operativa agli avvisi, deve infatti essere espressione di un sistema flessibile che non si blocchi all'arrivo di comunicazioni poco chiare o non convenzionali.

Sono state previste tre fasi pre-evento, le Fasi di Attenzione, di Preallarme e di Allarme: il passaggio dall'una all'altra è determinato dal peggioramento della situazione, tuttavia non sempre è netto e di facile definizione.

Col verificarsi dell'evento, qualora esso abbia un momento preciso di innesco, o con il raggiungimento del culmine della crisi, la Fase di Allarme evolve nell'Emergenza.

Risulta evidente che per i rischi non prevedibili il Modello di Intervento non prevede le fasi pre-evento ma scatta direttamente l'Emergenza che impone l'immediata informazione ed attivazione operativa delle strutture di protezione civile secondo quanto riportato nel piano per ciascun tipo di rischio. In Emergenza ogni Funzione di Supporto svolge i compiti previsti nella pianificazione. In questa sezione si propone uno schema riassuntivo dei primi provvedimenti da adottare ad un qualsiasi evento calamitoso: tale schema ha dunque il vantaggio di essere unico per tutti i tipi di rischi, di semplice consultazione e di immediata attuazione. Per ogni provvedimento sono indicati personale e mezzi da utilizzare e le Funzioni di Supporto competenti. E' stata prevista inoltre una schematizzazione degli interventi specifici per il rischio esondazione, per il rischio industriale e per un eventuale ipotesi di evacuazione.

Rischi prevedibili e rischi non prevedibili

Rischi prevedibili:

— Rischio idrogeologico (frane, alluvioni, dighe)
— Rischio industriale
— Rischio vulcanico
— Rischio neve
— Rischio valanghe

in seguito ad avviso di situazione a rischio si dichiara il passaggio alla:

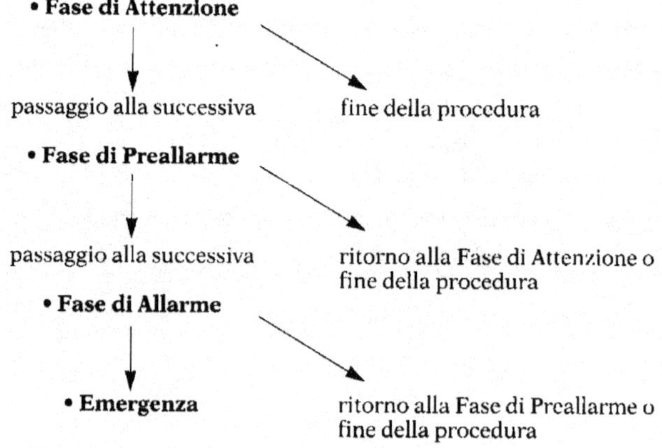

Rischi non prevedibili:

— Rischio sismico
— Rischio industriale
— Rischio incendi boschivi
— Rischio valanghe

passaggio diretto alla:

• Emergenza

FASE DI ATTENZIONE

La fase di Attenzione si attiva unicamente per i rischi prevedibili ossia per quegli eventi il cui sopraggiungere può essere controllato grazie ad un monitoraggio continuo degli indicatori di rischio.

Al fine di ottenere in tempi brevi il supporto di esperti nel settore tecnico-scientifico, relativamente alle diverse problematiche di rischio, è necessario prestabilire dei canali di comunicazione tramite la Funzione 1 – Tecnica e di Pianificazione, individuando i singoli soggetti da consultare.

Per la valutazione della gravità dell'informazione contenuta nell'avviso si fa riferimento ai dati storici e alla casistica di avvenimenti dello stesso tipo avvenuti sul territorio e ai "valori soglia" degli indicatori di rischio individuati preventivamente (livelli di allerta).

La gestione degli "avvisi" è affida al Responsabile U.O.P.C. o al personale della Sala Operativa, mentre il compito di dichiarare la fase di Attenzione spetta al Sindaco.

Procedure di attivazione.

Gli avvisi possono derivare dal semplice superamento di valori soglie (preventivamente stabiliti), o dall'incrocio dei dati provenienti da strumenti di monitoraggio di diverso tipo per il quale è necessaria una profonda conoscenza del territorio e delle fenomenologie locali.

Il Responsabile dell'U.O.P.C. in seguito alla dichiarazione della Fase di Attenzione

Attiva: le Funzioni di Supporto:

Funzione 2: Tecnica e di Pianificazione

Funzione 4: Materiale e Mezzi

Informa:

le Unità di Crisi Locali interessate

i responsabili di tutte le Funzioni di Supporto

la Prefettura, la Provincia, la Regione e l'Agenzia Nazionale di Protezione Civile

Controlla:

tipologia dell'evento

tempi e localizzazione probabile dell'evento

intensità prevista

tempo a disposizione prima dell'evento

Conclusione della Fase di Attenzione

La Fase di Attenzione può evolvere in due modi:

1° caso – I valori degli indicatori di rischio tornano alla normalità, cessano gli avvisi e non sussistono motivi di ulteriore preoccupazione: fine della Fase di Attenzione

2° caso - Si aggiungono nuovi avvisi, e/o crescono i valori degli indicatori di rischio e sussistono motivi di ulteriore preoccupazione: passaggio alla Fase di Preallarme,

con comunicazione scritta del Sindaco al Prefetto, al Presidente della Provincia, al Presidente della Regione e all'Agenzia Nazionale dei Protezione Civile.

La fine della Fase di Attenzione e il passaggio alla Fase di Preallarme sono dichiarati dal Sindaco.

LA FASE DI ATTENZIONE

AVVISO

procedura di attivazione

il Responsabile della Sala Operativa:

attiva:
— le funzioni di supporto n. 1 e 4

informa:
— le U.C.L.
— i Responsabili di tutte le Funzioni di Supporto

controlla:
— il fenomeno atteso

Conclusione Fase di Attenzione

FINE DELLA PROCEDURA

PASSAGGIO ALLA FASE DI PREALLARME

FASE DI PREALLARME

La Fase di Preallarme si attiva anch'essa in relazione ai rischi prevedibili. Tenendo presente che non esistono parametri fissi in base ai quali proseguire con sicurezza nella procedura, in caso di peggioramento o persistenza della situazione che ha portato alla dichiarazione della fase di attenzione, basandosi anche sulla conoscenza storica del territorio, il Sindaco decide e dichiara il passaggio alla Fase di Preallarme.

Procedure di Attivazione

Attiva:

le funzioni di supporto:

Funzione 4: Materiali e Mezzi

Funzione 5: Servizi Essenziali e Attività Scolastiche

Funzione 7: Strutture Operative Locali, Viabilità

Le Unità di Crisi Locale, che devono:

attivare i contatti radio

controllare preliminarmente le zone di loro competenza

tenere aggiornata la Sala Operativa su eventuali evoluzioni della situazione

devono essere immediatamente informati:

Prefettura

Provincia

Regione

Agenzia Nazionale di Protezione Civile

Ed inoltre

Comunità montane

A.S.L.

Associazioni di volontariato

Comuni vicini

Devono essere organizzare squadre per:

sopralluoghi d'intesa con le U.C.L.

rassegna dei materiali disponibili

La Sala Operative, in costante collegamento con l'Ufficio Tecnico Comunale e le U.C.L. e attraverso la strumentazione di monitoraggio, prosegue nella costante osservazione in tempo reale dell'andamento ed evolversi del fenomeno, mentre le squadre attivate a diverso titolo sul territorio provvedono ai primi interventi o ai controlli di loro competenza mantenendosi in contatto radio con la Sala Operativa.

Conclusione della Fase di Preallarme

Giunti a questo punto la Fase di Preallarme può evolversi nei tre casi previsti:

1° caso – i valori degli indicatori di rischio tornano alla normalità, cessano gli avvisi e non sussistono motivi di ulteriore preoccupazione: fine della procedura.

2° caso – i valori degli indicatori di rischio recedono al livello di allerta precedente e sussistono ancora motivi di preoccupazione: ritorno alla Fase di Attenzione

3° caso – si aggiungono nuovi avvisi, crescono i valori degli indicatori di rischio e sussistono motivi di ulteriore preoccupazione: passaggio alla Fase di Allarme con comunicazione scritta del Sindaco al Prefetto, al Presidente della Provincia, al Presidente della Regione e alla Agenzia Nazionale di Protezione Civile.

La conclusione della Fase di Preallarme, in tutti i casi sopra previsti, è dichiarata e comunicata in forma scritta dal Sindaco.

LA FASE DI PREALLARME

INIZIO FASE DI PREALLARME

si attivano:
— le Funzioni di Supporto 4, 5 e 7
— le U.C.L.

si informano:
— Prefettura
— Ag. Naz. di Protezione Civile
— Provincia
— Regione
— Associazioni di volontariato
— Comunità Montana
— A.S.L. (U.S.L.)
— Comuni vicini:
....
....
....

Conclusione Fase di Preallarme

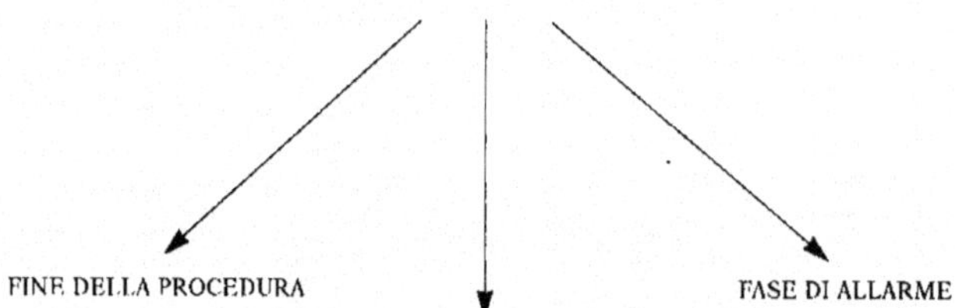

FINE DELLA PROCEDURA

RIENTRO ALLA FASE PRECEDENTE

FASE DI ALLARME

FASE DI ALLARME

Con l'inizio della Fase di Allarme, il Sindaco:

- attiva tutta la struttura di Protezione Civile, informando il Prefetto, il Presidente della Regione, il Presidente della Provincia e l'Agenzia Nazionale di Protezione Civile,
- istituisce e presiede il C.O.C.
- attiva tutte le funzioni di supporto,
- provvede ad emanare le ordinanze per gli interventi di somma urgenza,
- richiede al Prefetto il concorso di uomini e mezzi sulla base delle prime necessità.

Conclusione della Fase di Allarme

Giunti a questo punto la Fase di Allarme può evolvere nei tre casi previsti:

1° caso – i valori degli indicatori di rischio tornano alla normalità, cessano gli avvisi e non sussistono motivi di ulteriore preoccupazione: fine della procedura,

2° caso – i valori degli indicatori di rischio recedono al livello di allerta precedente e sussistono ancora motivi di preoccupazione: ritorno alla Fase di Preallarme,

3° caso – si verifica l'evento previsto: passaggio all'Emergenza con comunicazione scritta del Sindaco al Prefetto, al Presidente della Provincia, al Presidente della Regione e alla Agenzia Nazionale di Protezione Civile.

LA FASE DI ALLARME

INIZIO FASE DI ALLARME

si attivano:
— tutte le strutture di Protezione Civile
— tutte le Funzioni di Supporto

si informano:
— Ag. Naz. di P.C.
— Regione
— Provincia
— Prefettura
— Comunità Montana
— Comuni vicini:
....
....
....

Conclusione Fase di Preallarme

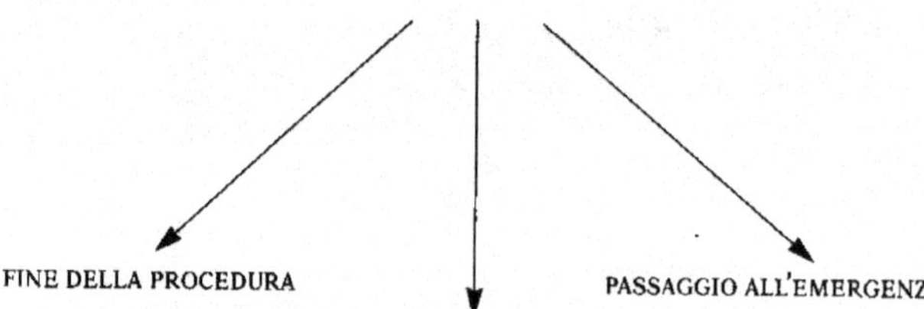

FINE DELLA PROCEDURA

PASSAGGIO ALL'EMERGENZA

RIENTRO ALLA FASE PRECEDENTE

FASE DI EMERGENZA

Si passa all'attuazione del Piano di Emergenza previsto per l'evento, seguendo uno Schema. Per facilitare l'operatività delle Funzioni di Supporto sono state elaborate delle schede di gestione di emergenza cercando di focalizzare l'attenzione su quelle voci e su quegli elementi che necessariamente devono essere tenuti sotto controllo fin dai primi momenti dell'emergenza, al fine di poter gestire efficacemente le risorse umane e strutturali disponibili.

A tale scopo risulterà fondamentale il riferimento alle schede raccolta dati, predisposte delle Funzioni di Supporto in situazione ordinaria. In linea con l'intento semplificavo del lavoro, si sono volutamente realizzate poche schede in quanto, superati i primi giorni dell'emergenza ci sarà poi tutto il tempo di creare volta per volta tabulati più specifici in base alle necessità contingenti.

Le schede di gestione emergenza realizzate non hanno la pretesa di volere esaurire tutto il campo delle necessità che possono emergere nel corso dell'emergenza, ma la loro gestione e archiviazione in un formato di foglio di lavoro elettronico, consente comunque una estrema flessibilità, potendosi modificare, aggiungere o ridurre il tipo delle informazioni inserite in senso orizzontale e verticale; a tale proposito l'esperienza ha insegnato che programmi informatici rigidi o comunque implementabili da parte di esperti informatici, specie in relazione alla gestione dell'emergenza hanno una difficile applicazione finendo per essere soppiantati da carta e penna o nelle migliori ipotesi proprio dai fogli di calcolo.

Anche le schede di gestione emergenza sono suddivise per funzioni di supporto e vanno gestite in collegamento con il Diario degli avvenimenti ed il Protocollo di emergenza dal quale attingono le relative informazioni.

Le informazioni che vengono gestite possono suddividersi in linea di massima nel modo seguente:

- la fotografia dei danni verificati sul territorio,
- la gestione di tutti i centri costituiti in emergenza,
- la gestione e dislocazione delle forze operative di intervento,
- la gestione di magazzino e la distribuzione dei materiali e mezzi sul territorio,
- la gestione delle aree e strutture adibite al ricovero ed assistenza dei sinistrati.

Le schede così realizzate traggono esperienza dagli ultimi eventi verificatesi sul territorio nazionale e sono state confezionate cercando di renderle di immediata comprensione e di facile compilazione, e in tal senso si tenga presente che una loro costante ed ordinata tenuta con cadenza giornaliera permette una immediata ed efficace gestione dei rapporti quotidiani che le amministrazioni comunali sono tenute a compilare ed inviare agli organi statali di riferimento.

Particolare rilievo assumono il Protocollo di Emergenza e il Diario Avvenimenti che dovranno essere immediatamente istituiti all'atto dell'emergenza. Il Protocollo d'Emergenza sarà affidato alla Segreteria e Gestione Dati: dovrà essere assicurata l'assoluta rapidità nello smistamento del carteggio, che deve avvenire per Funzioni di Supporto.

Il Diario Avvenimenti deve essere affidato al Responsabile di Sala Operativa e server a gestire essenzialmente le comunicazione radio e telefoniche per le quali è stato predisposto un apposito modulo. Anche in questo caso le modalità di assegnazione sono gestite per Funzioni di Supporto.

LE PROCEDURE AMMINISTRATIVE DI SOMMA URGENZA

GESTIONE CONTABILE AMMINISTRATIVA

Un aspetto di assoluto rilievo e fonte di grandi conflittualità, ogni qualvolta si verifica una situazione di emergenza è dato dalla necessità di individuare gli strumenti amministrativo-giuridici e le risorse finanziarie, per assicurare i necessari interventi a sostegno della popolazione per l'eliminazione delle situazioni di grave pericolo per l'incolumità pubblica.

E' chiaro che sino alla dichiarazione dello stato d'emergenza l'amministrazione comunale è chiamata a rispondere alle necessità di cassa utili alla gestione della procedura di crisi, onde consentire i primi soccorsi, con il ricorso alle fonti di bilancio ed assumendo, anche a prescindere dall'esistenza di reali disponibilità, con apposito atto deliberativo un generico impegno di spesa per la cifra che si presume occorra, con esclusione delle opere di ricostruzione, non sempre sufficiente ad affrontare completamente il fenomeno.

Nella fattispecie di crisi potrebbero, quindi, crearsi dei debiti fuori bilancio, a fronte dei quali il legislatore, con il decreto legislativo n.77/95 all'art.37 pur prevedendo il riconoscimento di tutti gli oneri susseguenti ad impegni assunti in relazione a prestazioni o forniture di cui il medesimo ente si sia arricchito in difformità a quanto stabilito all'art.35, ovvero sorte senza preventiva copertura finanziaria, non individua nel tessuto normativo forme di reperimento di risorse finanziarie di tipo straordinario, se non il ricorso

all'assunzione di mutuo della Cassa DD.PP. per far fronte agli oneri di una situazione di emergenza.
La dichiarazione dello stato di emergenza permette di imputare, realizzando di fatto una vera e propria partita di giro, alle casse dello Stato le spese sostenute, secondo le specifiche indicazioni contenute nel provvedimento normativo, il quale definisce l'area territoriale interessata e i centri di gestione delle spese, che sino ad oggi sono stati i prefetti, i quali erano chiamati ad intervenire sulle specifiche richieste dei sindaci.
La dichiarazione dello stato di emergenza comporta, quindi, il ricorso ad una finanza derivata e straordinaria, in cui lo Stato partecipa alle spese di primo soccorso, nonché il ricorso all'applicazione d'istituti normativi del tutto eccezionali con il privilegio di procedure amministrative semplificate, come la trattativa privata informale.
Il provvedimento straordinario sotto forma di ordinanza definisce il centro di costo gestionale in relazione all'area territoriale interessata, nonché il relativo responsabile, che sino ad oggi è stato individuato costantemente ed unicamente nella figura del prefetto, mentre in occasione delle ultime emergenze la medesima competenza è stata fissata in capo al sindaco, giustamente diversificando ed avvicinando il centro di gestione di spesa al territorio, assicurando per tale strada una maggiore tempestività ed efficacia nell'adozione dei provvedimenti, assicurando anche una maggiore coerenza con le Leggi Bassanini.
Il medesimo provvedimento individua, inoltre, in via generale, i tipi di interventi attuabili che sono naturalmente quelli a sostegno e soccorso della popolazione e quelli finalizzati alla immediata rimozione di situazioni di pericolo per la pubblica incolumità.
Non bisogna però nascondere che la diversificazione dei centri di spesa sul territorio interessato, avvenuta nelle ultime emergenze, in occasione delle quali sono state imputate oltre che al prefetto anche alle stesse amministrazioni comunali competenze similari negli interventi a farsi, ha ingenerato non poca confusione dal punto di vista della rendicontazione contabile, imponendosi per il futuro la individuazione di strumenti di migliore coordinamento delle azioni di carattere economico e contabile, sino a che la competenza nella gestione dei fondi straordinari filtra attraverso la contabilità speciale di cui è titolare il prefetto, cui va indirizzata la necessaria documentazione finale delle spese sostenute, per il discarico delle somme assegnate con il provvedimento ministeriale.
Da un punto di vista operativo si rende indispensabile, quindi, che gli enti contabilizzino in forma omogenea gli interventi finanziari sostenuti, secondo modalità preventivamente concordate, con il titolare della contabilità speciale periferica, in modo di consentire agli

organi centrali una valutazione attendibile della consistenza effettiva degli interventi realizzati e della tipologia degli stessi.
Occorre sottolineare, inoltre, che a seguito dell'entrata in vigore della legge 127/97 la competenza sugli interventi a farsi, è posta in capo al responsabile dell'ufficio competente (tecnico-amministrativo), in forza della quale titolare delle procedure non è organo d'indirizzo politico, atteso che naturalmente il dirigente, nel rispetto delle norme in vigore, adotta tutti i provvedimenti necessari alla rimozione delle fattispecie di pericolo.
In tal senso occorre tenere presente che è ben scarsa in un'ipotesi di crisi la circostanza di una scelta discrezionale propria dell'organo di governo, rendendosi necessari soli interventi urgenti da farsi nel rispetto delle norme proprie dell'ordinamento giuridico e delle facoltà di cui all'ordinanza ministeriale.
Naturalmente vi sono tutta una serie di attività ed atti che, se predisposti preventivamente una serie di scelte amministrative attraverso regolamenti interni capaci di trasformare un momento straordinario di gestione in una fase ordinaria meramente applicativa di misure predeterminate.
Va da sé l'esempio che se un ente individua con gara un certo numero di imprese capaci d'intervenire in caso di crisi a prezzi predeterminati, resta al dirigente scegliere al momento, con semplice sorteggio, l'unità di lavoro d'intervento disponibile al caso ed in grado di garantire la necessaria velocità di esecuzione.
Una politica oculata di programmazione potrebbe essere impostata sull'accantonamento periodico di una percentuale della spesa del proprio bilancio da destinare al finanziamento di un intervento di spesa per le situazioni di emergenza "Protezione Civile". L'importo destinabile al caso può essere stimato nei limiti di un onere fittizio figurativo che in effetti non incide sulla verifica del patto di stabilità, in quanto al momento del verificarsi dell'evento di crisi e della successiva dichiarazione di emergenza, l'esborso delle somme accantonate troverà suo naturale finanziamento nella risorsa straordinaria di tipo erariale.
Avere con chiarezza a disposizione gli strumenti normativi, la modulistica, predeterminati prezzi di riferimento, e definire con l'imprenditoria dei meccanismi di intervento, rappresentano elementi essenziali di lavoro in emergenza, tanto quanto gestire squadre di intervento specialistico.
Quindi, deve essere parte integrante del piano comunale uno schema di procedura di urgenza da attivare all'occorrenza, per ricorrere alle risorse dell'imprenditoria privata presente sul territorio, attraverso una procedura atta a definire le modalità d'intervento e la stima approssimativa dell'impegno finanziario occorrente per affrontare le prime battute

dell'emergenza, relative all'assistenza alla popolazione ed agli interventi di rimozione di situazioni di imminente pericolo per la pubblica incolumità.
Come già sopra accennato l'individuazione delle imprese da attivare in emergenza con forme semplificate può essere effettuata in tempi ordinari con una semplificate può essere effettuata in tempi ordinari con una procedura ad evidenza pubblica, per la sottoscrizione di un'assunzione di impegni d'intervento a mezzo accettazione di un foglio d'oneri, definito in sede di gara, sul quale vengono formulate offerte a ribasso, oppure la semplice disponibilità ad eseguire gli interventi a prezzo concordato sulla base di un foglio d'oneri stabilito dalla stessa amministrazione sulla base di prezzi definiti di solidarietà, lasciando spazio a successive selezioni a mezzo di semplice sorteggio.

IL POTERE D'ORDINANZA, STRUMENTO GIURIDICO D'INTERVENTO

E' di tutta evidenza che in una situazione eccezionale, chi è titolare di un potere pubblico di direzione degli interventi di soccorso, debba potere operare in un regime giuridico eccezionale, che consenta di azzerare i tempi burocratici che possono costituire un grosso, paradossale e non comprensibile ostacolo alle attività operative.
L'ordinanza di necessità ed urgenza costituisce lo strumento giuridico d'intervento del sindaco, previsto in linea generale per ogni Pubblica Autorità, dall'art.7 della legge 2359/1865, che sancisce la possibilità di adottare provvedimenti che incidono negativamente sulla proprietà privata in caso di necessità ed urgenza.
A parte questo generale potere di ordinanza che spetta al sindaco quale pubblica autorità di governo, lo stesso può ordinariamente esercitare tale potere in alcune materie (sanità, igiene, edilizia, polizia) in forza dell'art.38 della l.142/1990, che rappresenta non l'unica ma una delle numerose norme che fanno ricadere in capo al sindaco tale potere.
Quindi appare senz'altro opportuno dotare il piano di un certo numero di schemi di ordinanze che ricoprano più o meno lo spettro delle possibili necessità operative che l'amministrazione comunale potrebbe essere chiamata ad affrontare.
Insieme agli schemi di ordinanza vengono proposti alcuni atti di convenzioni, un altro strumento giuridico che però in emergenza è stato fino ad oggi insolitamente poco usato.

L'EFFICIENZA DELLA STRUTTURA E DEL PIANO

LA FORMAZIONE DEGLI OPERATORI

Presso il Centro Polifunzionale di Protezione Civile vengono organizzati periodicamente corsi di formazione, aggiornamento e addestramento sui temi della Protezione Civile. I corsi di formazione saranno tenuti dal personale dell'U.O.P.C., dai Responsabili di Associazioni di Volontariato con provata e lunga esperienza nel campo della protezione civile, dai Referenti delle Funzioni di Supporto previsti dal Piano. Lo scopo di tali corsi sarà formare alla cultura della protezione civile i soggetti che devono operare in questo ambito, e cioè:

- dipendenti delle amministrazioni comunali,
- associazioni di volontariato
- i responsabili delle U.C.L.

I temi affrontati riguardano in generale:

- la struttura del Sistema Comunale di Protezione Civile e i compiti delle diverse componenti operative in situazione ordinaria;
- il territorio e i rischi a cui è soggetto;
- gli scenari degli eventi attesi;
- le attività di previsione e gli interventi di prevenzione delle calamità;
- il modello operativo d'intervento per la gestione dell'emergenza (procedure e referenti).

Accanto a questi temi generali saranno poi affrontate problematiche più specifiche che riguardano le diverse categorie.

E cioè:

- ai dipendenti comunali saranno affidati compiti specifici che dovranno svolgere in caso d'emergenza;
- i volontari saranno addestrati ad affrontare operativamente le diverse situazioni di emergenza ad aggiornati sulle ultime tecniche di intervento e di soccorso;
- i responsabili delle U.C.L. saranno formati per rispondere immediatamente allo stato di allerta e di allarme e per gestire correttamente l'emergenza nelle proprie aree di competenza.

Inoltre, laddove possibile, sarebbe auspicabile organizzare seminari e corsi su argomenti specifici destinati soprattutto a volontari e operatori che desiderano specializzarsi ulteriormente, su temi quali ad esempio:

- telecomunicazioni
- pronto soccorso e sanità
- aspetti legali e amministrativi

L'INFORMAZIONE ALLA POPOLAZIONE

L'informazione alla popolazione è uno degli aspetti fondamentali di un moderno sistema di protezione civile, sancito per di più come uno degli obblighi cui è tenuto il sindaco da varie normative sia in termini generali che specifici.

La popolazione non soltanto ha il diritto di ricevere comunicazioni precise e aggiornate nel corso dell'emergenza, ma deve essere formata alla cultura della Protezione Civile, che significa essenzialmente conoscenza del proprio territorio e dei rischi a cui è soggetto e acquisizione delle norme comportamentali da tenere per la propria e l'altrui incolumità in caso di evento calamitoso.

Il referente chiamato a svolgere tale funzione è l'addetto stampa (che si avvale della collaborazione dei volontari) di cui si è ampiamente detto nel capitolo alle Componenti del Sistema.

Infine particolare attenzione va dedicata all'informazione da destinare agli ospedali ed alle scuole (per queste ultime si può far riferimento al Progetto Scuola Sicura approntato dal Ministero dell'Interno). Questa attività va svolta da personale esperto e qualificato che abbia seguito i corsi di formazione sopra citati.

LE ESERCITAZIONI

Le attività di formazione degli operatori e di informazione alla popolazione devono essere accompagnate da esercitazioni, che coinvolgono quindi i soggetti elencati:

- dipendenti dell'amministrazione comunale e referenti delle Funzioni di Supporto
- associazioni di Volontariato
- responsabili delle Unità di Crisi Locale
- Cittadini

Le esercitazioni rivolte ai primi tre soggetti possono essere di due tipi:

1. per posti di comando: queste esercitazioni vengono fatte per i funzionari pubblici a cui, secondo il piano, sono assegnate le nove Funzioni di Supporto, e servono a verificare l'efficienza del coordinamento tra le stesse;
2. per azioni: queste esercitazioni vengono fatte per i volontari e per il personale operativo del comune, e servono a verificare l'efficienza e la tempestività dei soccorsi.

Le esercitazioni rivolte ai cittadini sono essenzialmente prove di evacuazione su territori limitati: queste esercitazioni servono a verificare il piano di evacuazione di una porzione di territorio con estensione limitata, come frazioni di un Comune (se il Comune è piccolo) oppure singoli quartieri (se il Comune è grande).

In particolare vanno curate le esercitazioni rivolte alle scolaresche e corpo docenti e al personale degli ospedali che servono a verificare che vengano assimilati i modelli di comportamento da adottare in caso di emergenza.

L'AGGIORNAMENTO DEL PIANO

Un piano comunale che sia funzionale e possa essere utilizzato in tempo reale al momento dell'emergenza, oltre ad essere facilmente consultabile e conosciuto tanto dagli operatori quanto dai semplici cittadini, è necessario che sia attuale. Occorre quindi aggiornarlo sia per quanto riguarda le variazioni che avvengono naturalmente nel territorio, sia per quel che concerne le informazioni contenute nei database. Tra i parametri da rivedere e tenere costantemente sotto controllo per la vitalità del Piano i principali sono:

- evoluzione dell'assetto del territorio;
- aggiornamento delle tecnologie scientifiche per il monitoraggio;
- progresso della ricerca scientifica per l'aggiornamento dello scenario dell'evento massimo atteso.

Ogni funzione di supporto, in situazione ordinaria, deve garantire che i propri database e le attrezzature di cui si serve al momento dell'emergenza, siano perfettamente efficienti; tale attività permette inoltre agli operatori di utilizzare e quindi conoscere precisamente i mezzi di cui dispone e il loro uso; è importante che rimanga vivo l'interesse degli uomini coinvolti nelle strutture di protezione civile. Particolare attenzione va posta alle direttive e alle soluzioni indicate dai soggetti operanti ai livelli superiori. Nell'attuale fase, infatti, per quanto concerne la programmazione, che per legge compete alle Regioni e alle Province ci si trova spesso di fronte a studi del territorio e dei rischi non completi, e in taluni casi nemmeno iniziati; la conoscenza del territorio vista quindi sotto l'ottica della protezione civile deve essere il più velocemente possibile recepita, ed inserita nei Piani comunali.

I SISTEMI INFORMATIVI TERRITORIALI

L'evoluzione del tessuto sociale, specie di quello urbano ed industriale rende necessario adeguare gli strumenti a disposizione della Pubblica Amministrazione, con l'adozione di nuove tecnologie, che consentano di dare risposte più efficaci e tempestive, specie laddove è necessario articolare e coordinare tra loro l'impegno congiunto e massiccio delle varie componenti della macchina statale.

Ciò è quanto deve avvenire oggi nel campo della protezione civile dove, con l'istituzione del Servizio Nazionale della Protezione Civile, si è compiuto un determinante passo avanti nel modo di concepire il tipo di servizio che deve essere reso alla collettività. Tale servizio non può ritenersi adempiuto con l'esaurirsi dell'esecuzione delle competenze legate al proprio segmento di attribuzione, ma deve piuttosto saldarsi in una sequenza, senza soluzioni di continuità, con le altre componenti del Servizio Nazionale.

Nel campo della protezione civile questa evoluzione in senso orizzontale dell'esatto adempimento di quanto dovuto al cittadino, si caratterizza in maniera evidente se si pensa che, ad esempio, un tempestivo intervento della componente sanitaria, può non soddisfare l'esigenza de quo; una attività di pianificazione, per quanto puntuale e certosina, è destinata ad evidenziare vistose lacune se non è supportata da una precisa definizione degli scenari di riferimento e da una corretta rilevazione delle risorse sul territorio, competenze specificatamente attribuite ad organismi diversi, destinati a lavorare quindi in stretta collaborazione.

Appare quindi evidente che uno qualsiasi dei momenti operativi di cui si compone l'attività di pianificazione richiede grandi quantità di dati ed informazioni su cui basare i processi decisionali. Dati ed informazioni che devono essere elaborati, sistemizzati, sintetizzati ed aggregati. Ecco perché bisogna fare ricorso alle opportunità offerte dall'informatica di elaborare i dati non solo nella forma alfanumerica, ma anche attraverso nuove forme grafiche quali carte, mappe tematiche e schemi tecnici che, se collegate alle basi dati alfanumeriche per la pianificazione territoriale, per la gestione e protezione dell'ambiente e per la schematizzazione delle reti tecnologiche, si rivelano strumenti di straordinaria efficacia.

L'informatica costituisce uno strumento di grande flessibilità, quale supporto alle decisione, soprattutto nei casi in cui, come nelle attività di pianificazione, è necessario elaborare grandi quantità di dati, documentazioni, rapporti che è impensabile gestire manualmente. Se è indispensabile disporre dei dati, altrettanto importante appare la loro fruibilità e lettura dinamica, secondo la strutturazione più consona alle specifiche necessità. Tale ultimo aspetto è essenziale nel campo della protezione civile, laddove gli scenari prefissati possono essere facilmente superati dalle dinamiche evolutive sul territorio, rendendo parziale anche la più accurata delle pianificazioni.

In tal senso la costruzione di sistemi informativi territoriali rappresenta una importante forma di aggregazione di un insieme di informazioni utili a facilitare risposte operative a specifiche esigenze, cui è tenuta ad intervenire l'Amministrazione Comunale nell'ambito delle proprie molteplici competenze. Nel campo della protezione civile avvalersi di una gestione cartografica integrata da banche dati alfanumeriche che, attraverso associazioni e sovrapposizioni, consentano di generare carte tematiche, renderebbe certamente più rapida la costruzione degli scenari di rischio.

Non ci si può nascondere, d'altronde, che in tal senso un sistema informativo territoriale rappresenta uno sforzo notevole per la maggior parte dei comuni d'Italia, non solo e non tanto per quanto attiene lo sforzo economico che sottintende il suo acquisto, quanto piuttosto la difficoltà di gestione ed aggiornamento che richiede un impegno assiduo e costante di figure informatiche altamente specializzate, laddove l'alfabetizzazione in questo settore sta movendo i primi timidi passi presso la pubblica amministrazione.

I sistemi informativi territoriali si basano su concetti piuttosto semplici:

- rappresentazione del territorio con elementi grafici costituiti da punti, linee e poligoni;
- associazione di ogni elemento grafico ad un codice identificativo e a una tabella di attributi;
- georeferenziazioni di tutti gli elementi grafici che consente di avere la posizione reale sul terreno.

Aspetti che consentono di operare delle ripartizioni del territorio in aree e di collocare all'interno di queste tutti gli elementi significativi ai fini delle proprie attività, relazionando i dati grafici con quelli alfanumerici al fine di offrire un programma di gestione dei dati.

Bisogna a questo punto sottolineare che elementi essenziali per il successo di un sistema informativo territoriale non sono dati tanto dal software, quanto dalla capacità di reperire ed aggregare, secondo schemi logici utili all'obiettivo prefissato, i dati, e dalla formazione del personale.

L'esperienza di questi anni ha evidenziato come software di gestione del territorio anche particolarmente potenti e versatili abbiano scarso utilizzo in emergenza, proprio per l'impossibilità di adeguarne l'organizzazione sistematica dei dati alle esigenze imposte dalle situazioni di crisi, mentre diversamente strumenti quali fogli di calcolo, ben più flessibili e di più facile utilizzo hanno garantito risultati di gran lunga più apprezzabili.
D'altro canto una scelta oculata non può prescindere da una lettura delle informazioni filtrate attraverso l'elemento territorio, e, quindi l'utilizzo di cartografie, che deve essere dimensionato anche in relazione alla macchina organizzativa dell'amministrazione comunale che se ne dota, può avvenire su diversi piani, a partire dal tradizionale supporto cartaceo, passando attraverso le più semplici attività di rasterizzazione, sino ad arrivare ai più complessi strumenti vettoriali.
Ciò che deve avere in definitiva un'importanza fondamentale nell'individuazione di un software cartografico è dato non tanto dal costo del software in sé, quanto dal costo della costruzione delle carte, ma soprattutto della possibilità di usufruire di servizi di assistenza da attivare per i periodici aggiornamenti della cartografia, ma ancor di più per un supporto per la gestione della procedura proprio in situazioni di emergenza, poiché un sistema informatico territoriale di ampia e provata semplicità ed accessibilità, di fronte ad un uso sporadico e non approfondito si trasforma in un ostacolo talvolta insormontabile.
D'altrove anche in questo campo l'azione di diffusione e semplificazione che sta esercitando il mondo internet sta facendo venire alla luce soluzioni di grande interesse dove praticità, flessibilità e semplicità di uso stanno trovando reale ed evidente applicazione.

Sviluppo dell'Applicazione

INTRODUZIONE

La procedura è stata implementata tenendo conto di un utilizzo distribuito, in quanto i dati possono essere aggiornati non solo dal personale comunale, bensì anche da terzi (volontari, strutture sanitarie), e soprattutto possono essere interrogati da tutti al fine di rendere trasparente l'operato del Centro di Protezione Civile e consentire un monitoraggio costante di tutta la macchina di protezione civile (punto essenziale per un buon piano efficiente è l'aggiornamento continuo).
Per questi motivi è stata pensata e sviluppata come un sito web, collegabile al sito del comune di appartenenza, visitabile ovviamente con diversi livelli di autenticazione a secondo del livello di interagibilità consentito con la banca dati.
Inoltre la stessa banca dati può essere distribuita su diversi livelli (Nazionale, Regionale, Provinciale e Comunale) a secondo del tipo di organizzazione della struttura.
Ogni schermata è pensata inoltre per costituire direttamente un output cartaceo semplicemente premendo il pulsante di stampa del programma di navigazione.

ARCHITETTURA HARDWARE

LE RETI DI CALCOLATORI

L'architettura hardware su cui si basa il progetto è un sistema distribuito che coniuga sia una architettura di rete locale (Intranet), che eventualmente una estesa (Extranet ed Internet). E' chiaro quindi che si parlando di reti di calcolatori che interagiscono fra loro e condividono delle informazioni. C'è una notevole differenza fra reti di calcolatori e sistemi distribuiti, la distinzione principale è che in un sistema distribuito l'esistenza di molteplici calcolatori autonomi è trasparente (cioè non visibile) all'utente. Quando si scrive un comando per eseguire un programma questo viene eseguito. E' compito del sistema operativo selezionare il miglior processore, trovarlo e trasportare tutti gli archivi di ingresso a quel processore, e inserire i risultati nella posizione appropriata. In altre parole, l'utente di un sistema distribuito non è a conoscenza del fatto che esistono molteplici processori; appare tutto come un unico processore virtuale. L'allocazione delle elaborazioni ai processori e degli archivi ai dischi, il movimento degli archivi da dove sono memorizzati a dove sono richiesti, e tutte le altre funzioni di sistema devono essere automatiche. Con una rete, gli utenti devono esplicitamente collegarsi ad una macchina, esplicitamente richiedere elaborazioni remote, esplicitamente spostare archivi e generalmente occuparsi personalmente della gestione della rete. Con un sistema distribuito, nulla deve essere fatto esplicitamente; è tutto fatto automaticamente dal sistema operativo senza che l'utente ne sia a conoscenza.

In concreto, un sistema distribuito è un sistema software costruito per una rete. Il software fornisce un alto grado di trasparenza e coesione. Quindi la distinzione fra una rete e un sistema distribuito sta nel software (specialmente nel sistema operativo), più che nell'hardware. Ciò nonostante, esiste una considerevole intersezione fra i due argomenti. Per esempio, sia i sistemi distribuiti che le reti di calcolatori hanno bisogno di spostare archivi. La differenza sta in chi invoca lo spostamento: il sistema o l'utente.

Prima di iniziare a esaminare in dettaglio gli aspetti tecnici, vale la pena di discutere i motivi per cui siamo interessati alle reti di calcolatori e a come si possono usare.

Il primo scopo che ha portato alla richiesta di collegare più elaboratori fra di loro è di condividere risorse, e di rendere disponibili a tutti i programmi, le attrezzature, e specialmente i dati sulla rete indipendentemente dalla posizione fisica delle risorse e dell'utente. In altre parole, il fatto che un utente possa essere 1000 km lontano dai suoi dati non dovrebbe impedirgli di poterli usare pensandoli come locali. Questo scopo può essere sintetizzato dicendo che è un tentativo per far terminare la 'tirannia della geografia'.

Un secondo scopo è di raggiungere alta affidabilità mediante fonti alternative di supporto. Per esempio, tutti gli archivi potrebbero essere replicati su due o tre macchine, così se una di esse risultasse non disponibile (a causa di un guasto hardware), potrebbero essere usate le altre copie. In più, la presenza di più processori significa che se uno non funziona, gli altri potrebbero essere in grado di sobbarcarsi il suo lavoro, a costo di una riduzione delle prestazioni. Per le strutture militari, le banche, il controllo del traffico aereo, la sicurezza dei reattori nucleari, e per tante altre applicazioni, la capacità di continuare a operare in presenza di problemi hardware è di vitale importanza.

Un ulteriore scopo è quello di risparmiare denaro. I piccoli elaboratori hanno un rapporto costo/prestazioni migliore di quelli grandi. I mainframe (calcolatori aventi le dimensioni di una stanza) sono circa dieci volte più veloci dei personal computer, ma costano mille volte tanto. Questo sbilanciamento ha spinto molti progettisti di sistemi a costruire sistemi costituiti da personal computer, uno per ciascun utente, con dati memorizzati su una o più macchine (file server) condivise. In questo modello, gli utenti sono chiamati clienti (client), e il tipo di organizzazione è detto modelli client-server. Nel modello client-server la comunicazione generalmente ha la forma di un messaggio a un server da parte di un client che chiede di eseguire un certo lavoro. Il server allora esegue il lavoro e spedisce indietro la risposta. Normalmente ci sono molti client che usano un piccolo numero di server.

Un altro scopo delle reti è la scalabilità, cioè l'abilità di incrementare le prestazioni del sistema in modo graduale con l'incrementare del carico di lavoro aggiungendo più processori. Con i mainframe centralizzati, quando il sistema è saturo, deve essere sostituito da uno più grande, normalmente più costoso e anche più faticoso da imparare per gli utenti. Con il modello client-server, nuovi client possono essere aggiunti a richiesta.

Un altro scopo per cui si crea una rete di calcolatori ha poco a che vedere con la tecnologia. Una rete di calcolatori può fornire un potente mezzo di comunicazione fra impiegati molto lontani. Usando una rete, è facile per due o più persone che vivono molto lontano scrivere insieme una relazione. Quando una effettua una modifica a un documento, l'altra può vedere la variazione immediatamente, invece di aspettare diversi giorni per una lettera. Questo incremento di velocità fa diventare la cooperazione fra gruppi di persone facile proprio dove in precedenza era impossibile. A lungo andare, l'utilizzo di reti per migliorare la comunicazione uomo-a-uomo sarà probabilmente più importante di altri obiettivi quali il miglioramento dell'affidabilità.

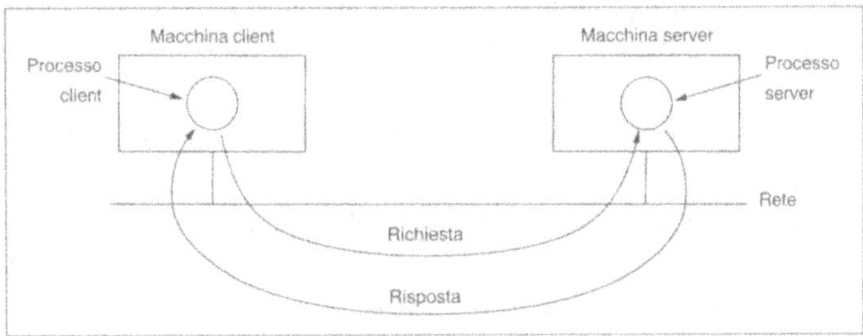

HARDWARE DELLE RETI

Non esiste una tassonomia generalmente accettata in cui tutte le reti possono essere catalogate, ma due aspetti risultano avere particolare importanza: la tecnologia di trasmissione e la scala.

Comunemente parlando, esistono due tipi di tecnologia per la trasmissione:

1. reti a diffusione globale (broadcast)
2. reti punto-a-punto (point-to-point)

Le reti a broadcast hanno un unico canale di comunicazione che è condiviso da tutte le macchine della rete. Brevi messaggi, chiamati pacchetti in alcuni contesti, inviati da una qualsiasi macchina vengono ricevuti da tutte le altre. Dopo la ricezione di un pacchetto, una macchina controlla il campo indirizzo. Se il pacchetto è diretto alla macchina stessa, esso lo elabora; se il pacchetto è diretto a un'altra macchina, esso viene ignorato.

I sistemi broadcast generalmente permettono anche la possibilità di indirizzare un pacchetto a tutte le destinazioni usando un codice speciale nel campo indirizzo. Quando viene trasmesso un pacchetto con questo codice, esso viene ricevuto ed elaborato da tutte le macchine della rete. Questo modo di operare viene chiamato broadcasting. Alcuni sistemi a broadcast supportano anche trasmissioni a un sottoinsieme delle macchine, concetto conosciuto come multicasting. Al contrario, le reti point.to-point consistono di molte connessioni fra coppie individuali di macchine. Per andare dal mittente al destinatario, un pacchetto su questo tipo di rete potrebbe dover visitare una o più macchine intermedie. Spesso sono possibili parecchi cammini di diversa lunghezza, quindi nelle reti punto a punto giocano un ruolo importante gli algoritmi di ricerca del cammino. Come regola generale, reti piccole, geograficamente localizzate usano il broadcast, mentre le reti più grandi sono normalmente punto a punto.

Un criterio alternativo per classificare le reti è legato alla loro scala. Si parte con le macchine a flusso di dati, calcolatori altamente paralleli con molte unità funzionale che lavorano al medesimo programma. Poi vengono i multicomputer, sistemi che comunicano inviando messaggi lungo canali molto corti e molto veloci. Oltre i multicomputer ci sono le vere reti, fatte di calcolatori che comunicano mediante scambio di messaggi lungo lunghi cavi. Le reti possono essere divise in reti locali, metropolitane, e geografiche. In ultimo, la connessione di due o più reti è chiamata internetwork. La rete mondiale Internet è un esempio ben conosciuto di internetwork. La distanza è un importante metro di classificazione perché tecniche differenti sono usate su diverse scale.

Le reti locali, generalmente chiamate LAN (local area network), sono reti private all'interno di un singolo edificio o una università, di dimensione al più di qualche chilometro. Esse sono molto utilizzate per collegare i personal computer e le stazioni di lavoro degli uffici per permettere la condivisione di risorse e lo scambio di informazioni. Le LAN sono di dimensioni ridotte, che significa che il tempo peggiore di comunicazioni è imitato e conosciuto a priori. La conoscenza di questo limite permette l'uso di alcuni tipi di schemi di progetto che non sarebbe possibile utilizzare altrimenti. Inoltre, permette di semplificare la gestione della rete. Le LAN spesso usano una tecnologia di trasmissione che usa un solo cavo al quale tutte le macchine sono collegate. Le LAN tradizionali permettono velocità di trasmissione che vanno da 10 a 100 Mbps, hanno un basso ritardo e fanno poche errori. Sono possibili differenti tipologie per le reti broadcast. E' necessario un meccanismo di arbitraggio per risolvere conflitti quando due o più macchine vogliono trasmettere simultaneamente. Il meccanismo può essere centralizzato o distribuito. IEEE 802.3, popolarmente chiamato Ethernet, è una rete broadcast basata su un bus con controllo decentralizzato operante a 10 o 100 Mbps. I calcolatori su una Ethernet possono trasmettere ogni qualvolta lo desiderino: se due o più pacchetti generano una collisione, ogni calcolatore attende un tempo casuale e ritenta la trasmissione. Un secondo tipo di sistema broadcast è l'anello (ring). In un anello, ogni bit viene diffuso per suo conto, senza aspettare il resto del pacchetto a cui esso appartiene. Tipicamente, ogni bit circumnaviga l'intero anello nel tempo richiesto per trasmettere pochi bit, spesso prima che l'intero pacchetto venga spedito. Come tutti gli altri sistemi broadcast, qualche regola è necessaria per arbitrare accessi simultanei all'anello.

Una rete metropolitana, o MAN (metropolitan area network), è sostanzialmente una versione ingrandita della LAN e normalmente usa tecnologie simili. Essa può coprire un gruppo di uffici vicini della medesima azienda oppure una città e può essere privata o pubblica. Una MAN può supportare sia dati che voci, e può anche essere collegata alla rete locale di televisione via cavo. Una MAN ha solamente uno o due cavi e non contiene elementi di scambio, per spedire i pacchetti su una fra le più potenziali linee di uscita. Il fatto di non dover effettuare queste azioni di scelta semplifica il progetto. E' stato adottato uno standard chiamato DQDB (Distributed Queue Dual Bus), include due bus a cui tutti i calcolatori sono collegati. Ogni bus ha un terminatore, un dispositivo che inizializza l'attività di trasmissione. Il traffico che è destinato a un calcolatore alla destra del mittente usa il bus superiore, viceversa quello inferiore.

Una rete geografica, o Wan (wide area network), copre una grande area geografica, spesso una nazione o un continente. Essa contiene una collezione di macchine adibite all'esecuzione di programmi (cioè applicazioni) per gli utenti. Si seguirà la trattazione tradizionale e si chiameranno queste macchine host (ospiti). Gli host sono collegati da una sottorete di comunicazione. Il compito di una sottorete è di trasportare messaggi da host a host. Nella maggior parte delle reti geografiche la sottorete è costituita da due componenti distinte: le linee di trasmissione e gli elementi di commutazione. Le linee di trasmissione (chiamate anche circuiti, canali o dorsali) spostano bit fra le varie macchine. Gli elementi di commutazione sono calcolatori specializzati usati per collegare due o più linee di trasmissione. Quando i dati arrivano su una linea di ingresso, l'elemento di commutazione deve scegliere una linea di uscita per farli proseguire. Sfortunatamente, non c'è una terminologia standard per denominare questi calcolatori. Essi sono chiamati nodi per lo scambio dei pacchetti, sistemi intermedi, commutatori di dati e in molti altri modi. Un termine generico che useremo per o calcolatori commutatori è router.

Le reti senza filo sono quelle reti che permettono il collegamento di sistemi portatili in posti remoti o in movimento senza che si debba fisicamente collegare a qualcosa. Questa tecnologia sta avendo un forte successo soprattutto per quelle categorie di utenti che hanno la necessità di collegarsi ma non hanno a disposizione una connessione fissa. La loro configurazione è molto semplice, l'unica differenza è che utilizzano antenne radio per effettuare le connessioni, ovviamente le velocità e le prestazioni diminuiscono rispetto ai modelli tradizionali. Esistono varie forme, per esempio i calcolatori portatili che si collegano direttamente ad un hub radio, oppure intere LAN con router radio.

Esistono molte reti, spesso con hardware e software differenti. Coloro che si collegano a una rete spesso desiderano comunicare con persone collegate ad altre reti. Questo desiderio richiede di collegare insieme reti diverse e spesso incompatibili, qualche volta usando macchine chiamate gateway, per realizzare la connessione e provvedere alle necessarie traduzioni, sia in termini di hardware che di software. Una collezione di reti collegate viene chiamata una internet (internetwork).

SOFTWARE DELLE RETI

La prima rete di calcolatori venne progettata pensando l'hardware come obiettivo principale, mentre il software veniva considerato un problema secondario. Questa strategia non vale più. Il software delle reti è attualmente strutturato.

Per ridurre la complessità di progettazione, la maggior parte delle reti è organizzata come una serie di strati o livelli, ognuno costruito su quello inferiore. Il numero di livelli, il nome di ciascun livello, il suo contenuto e le funzionalità differiscono da una rete all'altra. Tuttavia, in tutte le reti, lo scopo di ogni livello è di offrire certi servizi al livello superiore, schermando quel livello dai dettagli di come i servizi offerti sono realizzati. Il livello n su una macchina permette una conversazione con il livello n di un'altra macchina. Le regole e le convenzioni usate in queste conversazioni sono generalmente conosciute come il protocollo del livello n. Fondamentalmente, un protocollo è un accordo fra i partecipanti di una comunicazione su come la comunicazione deve procedere. La violazione del protocollo può rendere la comunicazione più difficile se non impossibile. Le entità che comprendono il corrispondente livello su macchine differenti sono chiamate pari (peer). In altre parole, sono i pari che comunicano utilizzando il protocollo. In realtà, nessun dato viene trasferito dal livello n su una macchina al livello n su un'altra. Invece, ogni livello passa al livello immediatamente sotto di sé dati e informazioni di controllo, fino a che viene raggiunto il livello più basso. Fra ogni coppia di livelli adiacenti c'è una interfaccia. L'interfaccia definisce quali operazioni primitive e servizi offre il livello sottostante a quello superiore. Quando i progettisti di reti decidono quanti livelli includere in una rete e che cosa fa ciascuno, una delle considerazioni più importanti è definire interfacce chiare fra i diversi livelli. Fare questo, però, richiede che ogni livello esegua una collezione specifica di funzioni ben comprensibili. Oltre che a minimizzare la quantità di informazioni che deve essere passata fra i vari livelli, interfacce chiare semplificano la sostituzione dell'implementazione di un livello con un'implementazione completamente diversa, in quanto tutto ciò che è richiesto alla nuova implementazione è che offra esattamente lo stesso insieme di servizi ai suoi livelli superiori, come faceva la vecchia implementazione. Un insieme di livelli e protocolli è chiamato architettura di rete. La specifica di un'architettura deve contenere abbastanza informazione per permettere a un implementatore di scrivere il programma o costruire l'hardware per ciascun livello così che esso risponda correttamente al protocollo appropriato. Ne' i dettagli dell'implementazione e nemmeno la specifica delle interfacce sono parte dell'architettura perché sono nascosti all'interno delle macchine e non sono visibili all'esterno. Non è inoltre necessario che le interfacce su tutte le macchine in una rete siano le stesse, purché ogni macchina usi correttamente i protocolli. Una lista di protocolli usati da un certo sistema, un protocollo per livello, è chiamata pila di protocolli.

ASPETTI PROGETTUALI PER I LIVELLI

Alcuni degli aspetti chiave che ci sono nelle reti di calcolatori sono presenti in livelli diversi. Ogni livello richiede un meccanismo per identificare il mittente e il destinatario. Visto che normalmente le reti hanno molti calcolatori, alcuni dei quali hanno molti processi, occorre un meccanismo per specificare il processo con il quale si desidera colloquiare. In conseguenza del fatto che si possono avere destinazioni diverse, è necessaria qualche forma di indirizzamento per denotare una destinazione specifica.

Un altro insieme di decisioni progettuali riguarda le regole per il trasferimento dei dati. In alcuni sistemi, i dati viaggiano in una direzione (comunicazioni simplex), in altri casi essi possono viaggiare in entrambi le direzioni, ma non simultaneamente (comunicazioni half-duplex), in altri ancora i dati viaggiano in entrambe le direzioni nello stesso tempo (comunicazioni full-duplex). Il protocollo deve determinare a quanti canali logici corrispondono le connessioni, e quali sono le loro proprietà. Molte reti hanno almeno due canali logici per connessione, uno per dati normali e uno per dati urgenti.

Il controllo degli errori è un aspetto importante perché i circuiti di comunicazione fisica non sono perfetti. Esistono molti codici di rilevamento e correzione degli errori, ma entrambi i capi di una connessione devono accordarsi su quale di questi deve essere utilizzato. In più il ricevente deve avere un meccanismo per dire al mittente quali messaggi sono stati correttamente ricevuti e quali invece no.

Non tutti i canali di comunicazione preservano l'ordine dei messaggi inviati lungo di essi. Per gestire una possibile perdita della sequenzializzazione, il protocollo deve fornire al ricevente la possibilità di ricostruire correttamente i pezzi ricevuti. Una soluzione ovvia è di numerare i pezzi, ma questa soluzione lascia ancora aperto il problema di che cosa fare con i pacchetti che giungono fuori ordine. Un aspetto che si ha ad ogni livello è come evitare che un mittente veloce inondi di dati un ricevitore lento. Diverse soluzioni sono stare proposte, alcune di queste coinvolgono un meccanismo di risposta dal ricevente al mittente, diretto a indiretto, a proposito della situazione. Altri limitano il mittente a un data velocità di trasmissione.

Un altro problema che deve essere risolto a diversi livelli è l'incapacità di tutti i processi di accettare messaggi arbitrariamente lunghi. Questa proprietà porta a meccanismi di decomposizione, trasmissione e ricomposizione dei messaggi. Un aspetto collegato è cosa fare quando i processi insistono a trasmettere dati in unità che sono così piccole che il loro invio separato risulta inefficiente. In questo caso la soluzione è di fondere

insieme diversi messaggi intestati a una destinazione comune in un unico messaggio e di smembrare tale messaggio al momento della sua ricezione.
Quando è poco conveniente o costoso instaurare una connessione separata per ogni coppia di processi comunicanti, il livello sottostante potrebbe decidere di usare la medesima connessione per molte conversazioni indipendenti. Fino a quando questa condivisione di canale avviene in modo trasparente, può essere utilizzata ad ogni livello. La condivisione è richiesta al livello fisico, dove tutto il traffico per tutte le connessioni deve essere inviato lungo al più pochi circuiti fisici. Quando ci sono più cammini fra sorgente e destinazione, deve esserne scelto uno. Qualche volta questa decisione viene divisa fra due o più livelli.

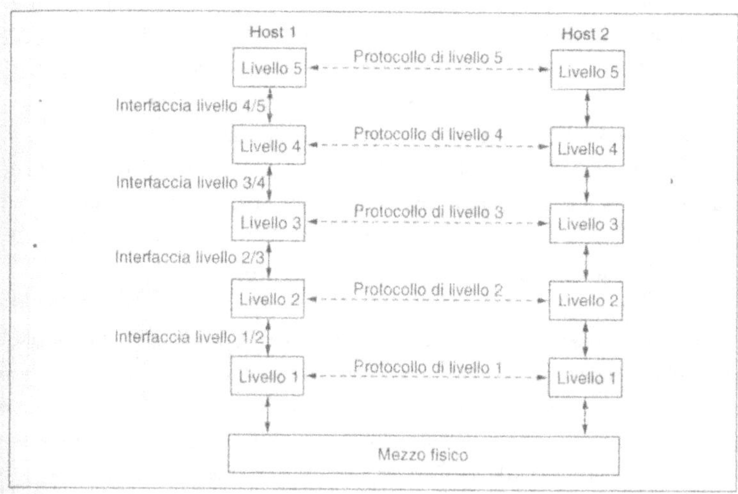

INTERFACCE E SERVIZI

La funzione di ogni livello è di fornire dei servizi al livello superiore. Gli elementi attivi in ogni livello sono chiamati entità. Una entità può essere software o hardware. Le entità allo stesso livello su macchine diverse sono chiamate entità pari. Le entità al livello n implementano servizi usati al livello n+1. In questo caso il livello n è detto fornitore di servizi e il livello n+1 è detto utente di servizi. Il livello n può usare i servizi del livello n-1 per fornire i propri. Ogni livello può fornire diversi tipi di servizi. I servizi sono disponibili presso i SAP (Service Access Point). I SAP del livello n sono i luoghi in cui il livello n+1 può accedere ai servizi che vengono offerti. Ogni SAP ha un indirizzo che lo identifica univocamente. Per permettere lo scambio di informazioni fra due livelli, bisogna definire un accordo sull'insieme di regole riguardanti le interfacce. A una interfaccia tipica, l'entità al livello n+1 passa un IDU (Interface Data Unit) all'entità di livello n attraverso il SAP. L'IDU è costituito da un SDU (Service Data Unit) e alcune informazioni di controllo. L'SDU + l'informazione passata attraverso la rete all'entità pari e in seguito al livello n+1. L'informazione di controllo è richiesta per aiutare il livello inferiore a realizzare il proprio lavoro, ma non è parte degli stessi dati.

Per trasferire l'SDU, l'entità di livello n potrebbe dover frammentarlo in diversi pezzi, a ognuno dei quali viene data una intestazione. Questi pacchetti separati vengono poi spediti come PDU (Protocol Data Unit). Le intestazioni dei PDU sono usate dalle entità pari per portare avanti il proprio protocollo. Esse identificano quali PDU contengono dati e quali contengono informazioni di controllo, forniscono numeri di sequenze e contatori.

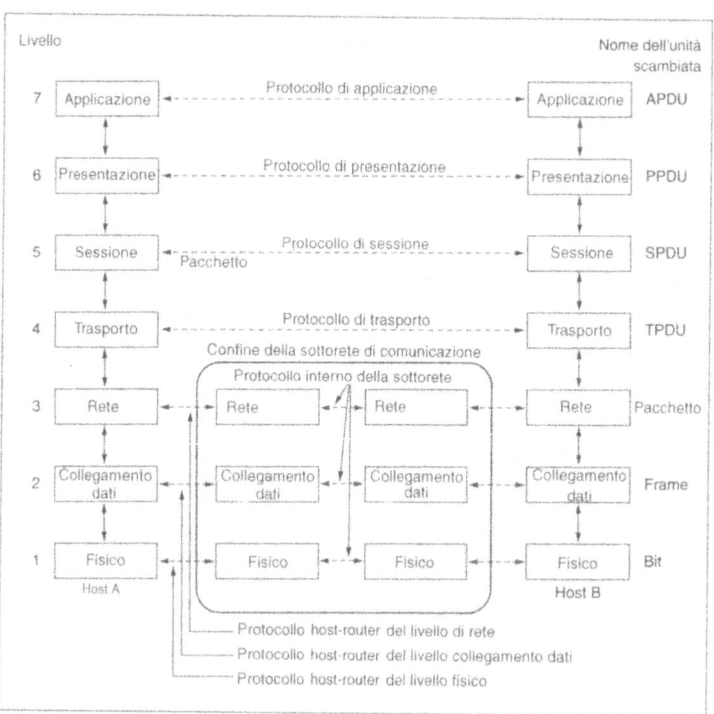

SERVIZI ORIENTATI ALLA CONNESSIONE E SERVIZI PRIVI DI CONNESSIONE

I livelli possono offrire due diversi tipi di servizi al livelli superiori: i servizi orientati alla connessione e quelli privi di connessione. I primi sono modellati sul sistema telefonico. Per usare un servizio di rete orientato alla connessione, l'utente del servizio prima stabilisce una connessione, la utilizza e infine la rilascia. Al contrario, i servizi privi di connessione sono modellati sul sistema postale. Ogni messaggio porta con sé l'indirizzo completo di destinazione, e ognuno è condotto lungo il sistema indipendentemente da ogni altro messaggio. Ogni servizio può essere caratterizzato da una qualità del servizio. Alcuni servizi sono affidabili nel senso che non perdono mai i dati.

IL MODELLO DI RIFERIMENTO OSI

Questo modello è basato su una proposta sviluppata dalla Organizzazione per gli Standard Internazionali (ISO) come primo passo verso la standardizzazione internazionale dei protocolli utilizzati nei vari livelli. Il modello è chiamato modello di riferimento ISO-OSI (Open System Interconnection) perché si interessa di collegare sistemi aperti. Il modello OSI ha sette livelli. I principi che sono stati seguiti per arrivare a sette livelli sono i seguenti:

1. un livello dovrebbe essere creato ogni volta che viene richiesto un diverso livello di astrazione,
2. ogni livello dovrebbe realizzare una ben definita funzione,
3. la funzione di ciascun livello dovrebbe essere scelta con un occhio rivolto alla definizione di protocolli internazionali standardizzati,
4. i limiti dovrebbero essere scelti per minimizzare il flusso delle informazioni attraverso le interfacce,
5. il numero di livelli deve essere abbastanza ampio per permettere a funzioni distinte di non essere inserite forzatamente nel medesimo livello senza cha sia necessario, e abbastanza piccolo per permettere che le architetture non diventino pesanti e poco maneggevoli.

Il livello fisico. Fa riferimento alla trasmissione dei bit lungi un canale di comunicazione. Gli aspetti di progettazione hanno a che fare con l'assicurarsi cha quando una estremità invia un bit 1 esso venga ricevuto dall'altra parte come 1, e non come 0.

Il livelli data-link. Lo scopo principale del livello è di trasformare una trasmissione grezza in una linea per il livello superiore cha appaia libera da errori di trasmissione non segnalati. Tale livello realizza questo scopo facendo decomporre al mittente i dati da spedire in pacchetti, che vengono spediti in sequenza attendendo poi il messaggio di avvenuta ricezione del pacchetto inviato dal ricevente. Visto che il livello fisico accetta e trasmette sequenza di bit senza far riferimento al loro significato o alla loro struttura, è compito del livello data-link creare e riconoscere i limiti del pacchetto.

Il livello di rete. Ha a che fare con il controllo delle operazioni di sottorete. Un aspetto chiave di progettazione è determinare come i pacchetti percorrono la rete dalla sorgente alla sua destinazione. I cammini possono essere basati su tabelle statiche che sono inserite all'interno della rete che vengono cambiate raramente, oppure determinati in modo dinamico per ciascun pacchetto. Se troppi pacchetti sono presenti nello stesso istante nella sottorete, daranno vita in ogni caso a qualche forma di congestione.

Il livello di trasporto. La funzione base di questo livello è di accettare dati dal livello superiore, spezzarli in piccole unità se è necessario, passare queste al livello rete, e assicurarsi che tutti i frammenti giungano correttamente a destinazione. Inoltre tutto questo deve avvenire in modo efficiente, e in modo tale da isolare i livelli superiori da inevitabili cambiamenti nella tecnologia hardware. Sotto condizioni normali, il livello trasporto crea una connessione di rete per ogni connessione di trasporto richiesta dal livello superiore. Determina inoltre il tipo di servizio da fornire ai livelli superiori. Infine gestisce un meccanismo chiamato controllo di flusso per controllare lo stato delle connessioni aperte e decidere quali chiudere.

Il livello sessione. Permette agli utenti su macchine diverse di stabilire sessioni. Una sessione permette il trasporto ordinato di dati, realizzato dal livello trasporto, ma permette anche servizi avanzati utili a talune applicazioni. Una sessione potrebbe essere utilizzata per permettere a un utente di collegarsi a un sistema condiviso remoto o di trasferire archivi fra due macchine. Il servizio principale è la gestione per il controllo del dialogo, la sincronizzazione.

Il livello presentazione. Realizza alcune funzioni che sono richieste abbastanza spesso da richiedere una soluzione generale, invece che lasciare a ogni utente il compito di risolvere tali problemi in modo autonomo. In particolare, diversamente dagli altri livelli sottostanti, che sono interessati solamente a muovere bit in modo affidabile da un punto ad un altro, il livello presentazione fa riferimento alla sintassi e alla semantica della informazioni trasmesse.

Il livello applicazione. Contiene una varietà di protocolli che sono normalmente necessari (terminali virtuali, trasferimento di file con file system differenti, ecc.)

IL MODELLO DI RIFERIMENTO TCP/IP

I principi ispiratori che permisero la realizzazione di questo modello furono l'abilità di collegare più reti fra loro in modo semplice e risolvere i problemi di compatibilità fra le varie tecnologie utilizzate.

Altro obiettivo principale fu di rendere la rete capace di sopravvivere al guasto di parti di hardware, in modo tale che le conversazioni esistenti non fossero danneggiate.

Il livello internet. Tutte queste richieste portarono alla scelta di una rete a commutazione di pacchetto basata su un livello privo di connessione. Questo livello, chiamato il livello internet, è il perno che mantiene assieme l'intera architettura. Il suo compito è di permettere a un host di inserire pacchetti in una qualsiasi rete in modo tale che questi viaggino indipendentemente verso la destinazione (potenzialmente anche su una rete differente). Essi possono arrivare anche in un ordine diverso rispetto a quello con cui erano stati inviati, in questo caso sarà compito di un qualche livello superiore riordinarli. Si noti che "internet" viene utilizzato in senso generico, anche se tale livello è presente nell'Internet. L'analogia in questo caso è il sistema postale. Una persona può imbucare una sequenza di lettere internazionali in una cassetta in una certa nazione, e con un po' di fortuna, molte di esse saranno consegnate all'indirizzo corretto nella nazione di destinazione. Probabilmente le lettere viaggeranno attraverso una o più nazioni lungo il loro cammino, ma questo è completamente trasparente agli utenti. Inoltre, viene nascosto agli utenti il fatto che ogni nazione (cioè ogni rete) possa avere i propri francobolli, le proprie dimensioni preferite, o le proprie regole di spedizione. Il livello internet definisce un formato di pacchetto ufficiale e un protocollo chiamato IP (Internet Protocol). Lo scopo del livello internet è di consegnare i pacchetti IP dove si supponga debbano andare. La scelta del cammino dei pacchetti in questo caso è la questione principale, così come evitare la congestione. Per questi motivi, è ragionevole dire che il livello internet TCP/IP è molto simile nelle funzionalità al livello rete del modello OSI.

Il livello di trasporto. Il livello superiore al livello internet nel modello TCP/IP è chiamato il livello di trasporto. Server per permettere alle entità pari livello sugli host sorgente e destinazione di portare avanti una conversazione, come nel livello trasporto del modello OSI. Due protocolli di collegamento sono definiti in questo livello. Il primo, TCP (Trasmission Control Protocol) è un protocollo orientato alla connessione affidabile che permette a sequenze di byte originate su una macchina di essere consegnate senza errori su una qualsiasi altra macchina della rete. Esso frammenta la sequenza entrante di byte in messaggi e li passa al livello internet. Sulla destinazione, il processo TCP ricevente riassembla i messaggi ricevuti nella sequenza in uscita. Il protocollo TCP gestisce anche il flusso del controllo per essere sicuro che un mittente veloce non possa sovraccaricare un ricevente lento con più messaggi di quelli che è in grado di gestire.

Il secondo protocollo in questo livello, UDP (User Datagram Protocol), è un protocollo inaffidabile, privo di connessione, per applicazioni che non desiderano gestire tutto questo in modo autonomo. E' spesso utilizzato per comunicazioni veloci, per richieste e risposte fra un client e un server, o applicazioni in cui la prontezza nella consegna è più importante che la sua accuratezza, come nel caso di trasmissioni audiovisive.

Il livello delle applicazioni. Il modello TCP/IP non ha i livelli presentazione e sessione. Non sono necessari, quindi sono stati esclusi. L'esperienza con il modello OSI ha provato la correttezza di tale punto di vista: questi livelli sono poco utili nella maggior parte delle applicazioni. Subito sopra al livello trasporto, si trova il livello applicazione. Esso contiene tutti i protocolli ad alto livello. I più antichi sono il terminale virtuale (TELNET), il trasferimento di archivi (FTP), e la posta elettronica (SMTP). Il protocollo di terminale virtuale permette a un utente su una macchina di collegarsi su una macchina remota e di lavorare su di essa. Il protocollo per il trasferimento di archivi fornisce un meccanismo per spostare gli archivi in modo efficiente da una macchina a un'altra. La posta elettronica era in origine solo un tipo di trasferimento di archivi, poi venne sviluppato un protocollo più specializzato. Molti altri protocolli sono stati aggiunti a questi nell'arco degli anni, come Domain Name Service (DNS) per associare a ogni host il proprio indirizzo di rete, NNTP, il protocollo per muovere i messaggi dei gruppi di discussione, e http, il protocollo utilizzato per caricare pagine sul World Wide Web, e molti altri.

Il livello host-to-network. Sotto al livello internet c'è un grande vuoto. Il modello di riferimento TCP/IP non dice molto a proposito di quello che avviene a questo livello, eccetto che l'host deve connettersi alla rete utilizzando un protocollo in modo da inviare pacchetti IP lungo di essa. Questo protocollo non viene definito e varia da host a host e da rete e rete.

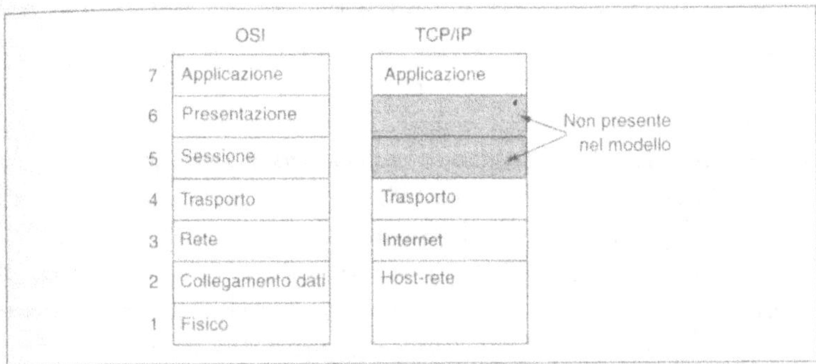

IL WORLD WIDE WEB

Il World Wide Web è un'architettura software per accedere a documenti tra loro collegati e distribuiti su migliaia di macchine nell'intera Internet. Qualche anno fa era un metodo per distribuire dati per la fisica delle alte energie; oggi è l'applicazione che milioni di persone credono sia 'Internet'. La sua enorme popolarità deriva dal fatto che ha un'interfaccia grafica colorata facile da utilizzare per i principianti, e costituisce un'enorme fonte di informazioni praticamente su qualsiasi argomento immaginabile.

Il Web (conosciuto anche come WWW) è nato nel 1989 al CERN, il Centro europeo per la ricerca sulla fisica nucleare. Il Web è nato dalla necessità che hanno questi grossi gruppi di ricercatori di collaborare utilizzando una collezione costantemente mutevole di rapporti, schemi, disegni, foto e altri documenti.

La proposta iniziale per una ragnatela (web) di documenti collegati è del fisico del CERN Tim Berners-Lee, datata marzo 1989. Il primo prototipi divenne operativo 18 mesi più tardi. Nel dicembre 1991, alla conferenza Hypertext 1991 a San Antonio, Texas, ci fu una dimostrazione al pubblico. Lo sviluppo continuò nell'anno seguente, culminando nella realizzazione della prima interfaccia grafica, Mosaic, nel febbraio 1993. Mosaic divenne così popolare che un anno più tardi il suo autore fondò la Netscape Communications Corp., il cui obiettivo era sviluppare programmi client, server e altro software per Web. Quando nel 1995 il programma Netscape divenne pubblico, molti investitori, ipotizzando che la società produttrice fosse la nuova Microsoft. Nel 1994, CERN e MIT stipularono un accordo che costituiva il Consorzio World Wide Web, un'organizzazione dedicata allo sviluppo ulteriore del Web, alla standardizzazione dei suoi protocolli e a incoraggiare l'interoperabilità tra siti.

La parte client. Dal punto di vista dell'utente, il Web consiste in un'enorme collezione di documenti sparsi per il mondo, di solito chiamati brevemente pagine. Ogni pagina può contenere puntatori (link) ad altre pagine correlate, ovunque nel mondo. Gli utenti possono seguire un puntatore, che li porta quindi alla pagina collegata. Questo processo può essere ripetuto all'infinito, con la possibilità in questo modo di attraversare centinaia di pagine collegate. Questa nozione di pagine che puntano ad altre pagine viene detto ipertesto. Le pagine vengono visualizzate mediante un programma cliente detto browser, tra i quali i più conosciuti sono Mosaic, Netscape e Microsoft Explorer. Il browser recupera la pagina richiesta, interpreta il testo e formatta i comandi che questo contiene, quindi visualizza la pagina, opportunamente formattata, sullo schermo. Una pagina Web inizia con un titolo, contiene alcune informazioni e termina con l'indirizzo di posta elettronica del curatore della pagina. Le stringhe di testo che sono puntatori ad altre pagine, detti iperpuntatori, sono evidenziate o mediante sottolineatura, oppure visualizzandole in un colore speciale, o in entrambi i modi. Per seguire un puntatore l'utente sposta il cursore sulla zona evidenziata (utilizzando il mouse o i tasti freccia) e la seleziona (facendo click sul bottone del mouse o digitando il tasto ENTER). Anche se esistono browser non grafici, per esempi LYNX, questi non sono così popolari come i browser grafici. Il browser quindi recupera la pagina al quale il nome è collegato e la visualizza. Anche qui è possibile fare click sugli elementi sottolineati per recuperare altre pagine, e così via. La nuova pagina può trovarsi sulla stessa macchina della prima, oppure su una macchina in giro per il mondo. L'utente non può dirlo. Il recupero delle pagine è fatto dal browser, senza alcun aiuto da parte dell'utente. Se l'utente ritorna alla pagina principale, i puntatori già seguiti appaiono sottolineati da una linea tratteggiata (e se possibile in un diverso colore) per distinguerli dai puntatori che non sono ancora stati seguiti. La maggior parte dei browser ha diversi bottoni e diversi modi per rendere più facile la navigazione sul Web. Molti hanno un bottone per tornare indietro alla pagina precedente, un bottone per andare avanti alla prossima pagina e un bottone per tornare direttamente indietro alla pagina principale dell'utente.

Oltre ad avere del testo normale e dell'ipertesto, le pagine Web possono contenere icone, linee, mappe e fotografie, Ognuna di queste può venire collegata a un'altra pagina. Facendo click su uno di questi elementi si fa in modo che il browser ritrovi la pagina collegata e la visualizzi, come quando si fa click sul testo. Con immagini come foto o mappe, quale sia la successiva pagina recuperata può dipendere dalla parte dell'immagine su cui si è fatto click.

Non tutte le pagine sono visualizzabili in modo convenzionale. Ad esempio, alcune pagine sono costituite da tracce sonore, filmati video o entrambi le cose. Quando le pagine di ipertesto sono mischiate con altre di diversa natura, il risultato è detto ipermediale. Alcuni browser possono visualizzare tutti i tipi di dati ipermediali, mentri altri no. Al loro posto questi cercano un file di configurazione per capire come gestire i dati ricevuti. Normalmente, il file di configurazione restituisce il nome di un programma, chiamato visualizzatore esterno, o applicazione di aiuto, che verrà eseguito avendo la nuova pagina in ingresso. Se non c'è nessun visualizzatore configurato, di solito il browser chiede all'utente di sceglierne uno. Se non esiste alcun visualizzatore, l'utente può ordinare al browser di salvare la pagina in un file su disco, oppure ignorarla. Le applicazioni ausiliarie che riproducono il linguaggio parlato rendono possibile l'accesso al Web anche per i non vedenti. Altre applicazioni contengono interpreti per particolari linguaggi del Web, rendendo possibile scaricare ed eseguire programmi della pagine Web. Questo meccanismo consente di estendere la funzionalità del Web stesso.

Molte pagine Web contengono grandi immagini, che richiedono parecchio tempo per il loro caricamento. Alcuni browser aggirano il problema del caricamento lento delle

immagini recuperando e visualizzando dapprima il testo, quindi prendendo le immagini. Questa strategia consente all'utente di avere qualcosa da leggere mentre arrivano le immagini ed eventualmente di fermare il caricamento se la pagina non è abbastanza interessante da giustificare l'attesa. Una strategia alternativa è quella di fornire un'opzione per disabilitare il recupero e la visualizzazione automatica delle immagini.
Alcune pagine Web contengono dei 'form', che sono una specie di moduli elettronici che richiedono all'utente di immettere delle informazioni. Le applicazioni tipiche per i form sono le interrogazioni a una base di dati, vuoi per ordinare un prodotto, vuoi per partecipare a un sondaggio di opinioni. Altre pagine Web contengono mappe attive che permettono all'utente di fare click su di esse per visualizzare o recuperare informazioni su una particolare zona geografica. La gestione di form e mappe attive richiede un'elaborazione più sofisticata rispetto al solo recupero di una pagina data.
Alcuni browser utilizzano il disco locale come memoria temporanea (cache) per le pagine recuperate. Prima di recuperare una pagina, viene fatta una verifica per vedere se si trova già nella cache locale. Se c'è, basta verificare che la pagina sia aggiornata. In caso affermativo, non è necessario caricare nuovamente la pagina. Per utilizzare un browser Web, una macchina deve essere necessariamente essere direttamente su Internet, o almeno avere una connessione SLIP o PPP a un router o a un'altra macchina che sia collegata direttamente ad Internet. Questo requisito è necessario perché il modo in cui il browser recupera una pagina avviene stabilendo una connessione TCP alla macchina su cui si trova la pagina, e quindi inviando un messaggio attraverso la connessione che richiede la pagina. Se non è possibile stabilire una connessione TCP verso una macchina qualsiasi collegata in Internet, il browser non funzionerà.
La parte server. Ogni sito Web ha un processo server in ascolto sulla porta 80 del TCP di connessioni in arrivo dai clienti (normalmente browser). Dopo che è stata stabilita una connessione, il cliente invia una richiesta e il server invia una risposta. Quindi la connessione viene abbandonata. Il protocollo che definisce la forma delle richieste e delle risposte è chiamato HTTP. Le fasi che si succedono tra il click dell'utente e la visualizzazione della pagine sono le seguenti:

1. il browser determina l'URL
2. il browser chiede al DNS l'indirizzo
3. il DNS risponde con l'indirizzo IP
4. il browser fa una connessione TCP alla porta 80
5. quindi invia il comando GET/hypertext/WWW......htm

6. il server invia la pagina ...htm
7. viene rilasciata la connessione TCP
8. il browser visualizza tutto il teso contenuto
9. il browser recupera e visualizza tutte le immagini contenute.

Molti browser indicano il passo che stanno eseguendo al momento in una linea di stato in fondo allo schermo. In questo modo, quando le prestazioni sono lente, l'utente può vedere se ciò è dovuto al DNS che non risponde, al server che non risponde o semplicemente alla congestione di rete durante la trasmissione della pagina.

Per ogni immagine in linea contenuta nella pagina, il browser stabilisce una nuova connessione TCP verso il server per recuperare l'immagine.

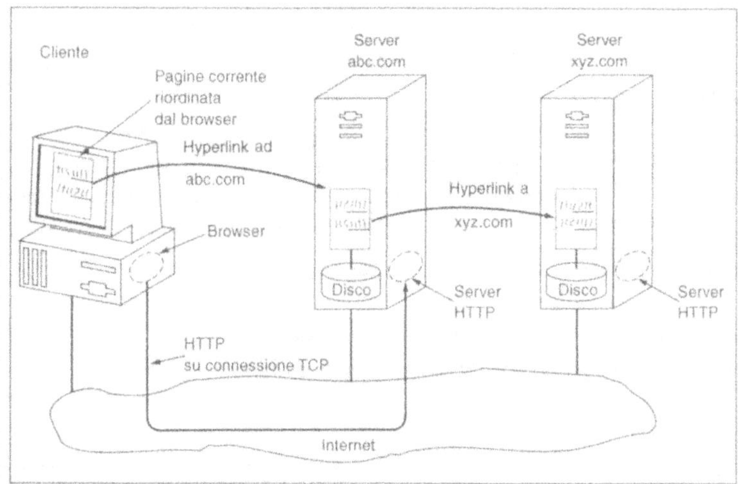

HTTP – HyperText Transfer Protocol

Il protocollo di trasferimento del Web è HTTP. Ogni interazione consiste in una richiesta ASCII, seguita da una risposta del tipo RFC 822 MIME. Anche se l'uso di TCP per la connessione di trasporto è molto comune, non è formalmente richiesta dallo standard. HTTP è in costante evoluzione. Ci sono diverse versioni in uso e altre sono in fase di sviluppo. Il protocollo HTTP consiste di due elementi distinti: l'insieme delle richieste da parte del browser ai server e l'insieme delle risposte che tornano indietro. Tutte le ultime versioni di HTTP supportano due tipi di richieste: le richieste semplici e le richieste complete. Una richiesta semplice è una sola linea GET che nomina la pagina desiderata,

senza la versione del protocollo. La risposta consiste solamente della pura pagina, senza intestazioni, MIME o codifica. La presenza della versione del protocollo sulla linea della richiesta GET indica una richiesta completa. Le richieste consistono in più linee, seguite da una linea bianca che indica la fine della richiesta. La prima linea di una richiesta completa contiene il comando, la pagina desiderata e il protocollo/versione. Le linee successive contengono le intestazioni RFC 822.
Sebbene HTTP sia stato inventato per essere utilizzato specificatamente nel Web, è stato reso intenzionalmente più versatile, pensando alle future applicazioni orientate agli oggetti. Per questa ragione, la prima parola sulla linea di una richiesta completa è semplicemente il nome del metodo da eseguire sulla pagina Web. Quando si accede agli oggetti generici, possono essere disponibili altri metodi specifici all'oggetto. I nomi sono sensibili al maiuscolo o minuscolo, perciò GET è un metodo lecito mentre get non lo è.
Il metodo GET richiede al server di inviare una pagine, opportunamente codificata in MIME. In ogni caso, se una richiesta GET è seguita dall'intestazione If-Modified-Since, il server invia i suoi dati solo nel caso in cui questi siano modificati dopo la data fornita. Utilizzando questo meccanismo, un browser che richieda una pagina che si trova nella cache può fare una richiesta condizionata al server, indicando la data di modifica associata con quella pagina. Se la pagina in cache è ancora valida, il server restituisce una linea di stato che annuncia questo fatto, eliminando così l'overhead per trasferire nuovamente la pagina.
Il metodo HEAD richiede solo l'intestazione del messaggio, senza la pagina vera e propria. Questo metodo può essere usato per ottenere la data dell'ultima modifica alla pagina, per collezionare informazioni allo scopo di inserirle in un indice, o semplicemente per verificare la validità di un URL. Le richieste HEAD condizionali non esistono.
Il metodo PUT è l'inverso di GET, invece di leggere una pagina, la scrive. Con questo metodo è possibile costruire una collezione di pagine Web su un server remoto. Il corpo della richiesta contiene una pagina. Può essere codificata utilizzando MIME, nel qual caso le linee che seguono PUT possono includere Content-Type e intestazioni di autenticazione, per provare che il chiamante ha davvero i permessi per eseguire l'operazione richiesta.
Simile a PUT è il metodo POSt. Anche questo trasporta URL, ma invece di rimpiazzare i dati esistenti, quelli nuovi vengono genericamente appesi a essi. Pubblicare un messaggio in un gruppo di news o aggiungere un file a un sistema di bulletin board sono esempi di cosa significhi appendere in questo contesto.

DELETE fa quello che ci si può aspettare: cancella la pagina. Come PUT, qui l'autenticazione e i diritti hanno un ruolo importante. Non c'è alcuna garanzia che DELETE abbia successo, poiché il server HTTP remoto permette di cancellare la pagina, il file sottostante può avere una modalità che proibisce al server HTTP di modificarla o di cancellarla.

I metodi LINK e UNLINK permettono di stabilire delle connessioni tra pagine esistenti o altre risorse.

Ogni richiesta ottiene una risposta che consiste in una linea di stato e possibilmente di altre informazioni. La linea di stato può contenere il codice 200 (ok), oppure uno qualsiasi dei codici di errore, per esempio 304 (non modificabile), 400 (richiesta non corretta) oppure 403 (proibito).

Gli standard HTTP descrivono le intestazioni e il corpo dei messaggi con particolare dettaglio. E' sufficiente dire che questi sono molto simili ai messaggi MIMI RFC 822.

SCRIVERE UNA PAGINA WEB IN HTML

Le pagine Web sono scritte in un linguaggio chiamato HTML (HyperText Markup Language). HTML permette all'utente di costruire delle pagine Web che comprendono testo, grafica e puntatori ad altre pagine Web.

URL – Uniform Resource Locator

Le pagine possono contenere più puntatori ad altre pagine. Quando venne creato il Web, risultò immediatamente chiaro che il fatto di avere una pagina che punta a un'altra pagina richiedeva dei meccanismi per denotare e localizzare le pagine. Le domande che richiedevano una risposta prima che una pagina selezionata fosse visualizzata: qual è la pagina richiesta, dove si trova la pagina e come si può accedere alla pagina. Se a ogni pagina veniva in qualche modo assegnato un nome, non ci poteva essere alcuna ambiguità nell'identificare le pagine. Nonostante ciò, il problema non era risolto. La soluzione scelta identifica le pagine in un modo che risolve tutti e tre i problemi in una volta sola. A ogni pagina è assengato un URL che effettivamente ha la funzione di nome di pagina univoco per tutto il mondo. Gli URL hanno tre parti: il protocollo (detto anche schema), il nome DNS della macchina sulla quale di trova la pagina, e un nome locale che indica in maniera unica la pagina specifica. Per rendere ciccabile una parte di testo, colui che scrive la pagina deve dare due informazioni: il testo ciccabile da visualizzare e l'URL della pagina in cui andare se il testo viene selezionato. Quando il testo viene selezionato, il browser ricerca il nome della macchina utilizzando il DNS. A questo punto armato dell'indirizzo IP della macchina, il browser stabilisce una connessione TCP con la macchina. Tramite questa connessione invia il nome del file utilizzando il protocollo specifico. Fatto. Torna indietro la pagina. Questo schema è aperto, nel senso che dà la possibilità di specificare protocolli diversi da HTTP. Infatti, sono stati definiti URL per diversi altri protocolli, e molti browser sono in grado di capirli.

HTML – HYPERTEXT MARKUP LANGUAGE

Html è un applicazione dello standard ISO 8879, che descrive SGML (Standard Generalized Markup Language), però specializzato nel trattamento di ipertesti e adattato al Web. E' un linguaggio che usa annotazioni (markup) per descrivere il modo in cui i documenti vanno formattati. Il termine markup deriva dai vecchi tempi in cui in cui i correttori di bozze annotavano sui documenti per lo stampatore – a quei tempi, un essere umano – le indicazioni tipografiche. I linguaggi con markup quindi contengono dei comandi espliciti per la formattazione. Il vantaggio di un linguaggio con markup espliciti rispetto ad uno che non li ha, è che scrivere un browser è semplice: basta che il browser capisca i comandi markup.

Inserendo i comandi markup all'interno di ogni file HTML e standardizzandoli, diventa possibile per qualsiasi browser Web leggere e riformattare qualsiasi pagina Web. Poter riformattare le pagine Web dopo averle ricevute è cruciale in quanto una pagina può essere stata creata per una risoluzione e visualizzabile in una risoluzione completamente diversa. Come HTTP, HTML è costantemente in evoluzione. Quando l'unico browser era Mosaic, il linguaggio che esso interpretava, HTML 1.0, era lo standard de facto. Quando arrivarono altri browser nacque l'esigenza di uno standard Internet formale, per cui venne definito lo standard HTML 2.0. Lo standard HTML 3.0 fu creato inizialmente come prototipo di ricerca per aggiungere molte nuove caratteristiche all'HTML 2.0, comprese le tabelle, le barre degli strumenti, le formule matematiche, fogli di stile avanzati (per la definizione di formati di pagina e il significato dei simboli), e altro ancora.

La standardizzazione ufficiale di HTML è gestita dal consorzio WWW, ma molti produttori di browser hanno aggiunto le loro estensioni particolari. Questi produttori sperano di convincere i produttori di pagine a scriverle con le loro estensioni, in modo che i lettori di tali pagine abbiano bisogno di quel particolare browser per visualizzarle nella maniera corretta. Questa tendenza non semplifica la standardizzazione dell'HTML.

Una pagina Web include un'intestazione e un corpo racchiusi tra i tag (comandi di formattazione) <HTML> e </HTML>, anche se molti browser non si curano della

mancanza di questi tag. L'intestazione è racchiusa tra i tag <HEAD> e </HEAD> e il corpo è racchiuso tra i tag <BODY> e </BODY>.
I comandi interni a un tag sono detti direttive. Molti tag HTML hanno questo formato, vale a dire, <QUALCOSA> indica l'inizio e </QUALCOSA> indica la sua fine. Ci sono numerosi altri esempi di HTML. I tag possono essere sia in maiuscolo che in minuscolo.
L'aspetto reale del documento HTML è irrilevante. I parser HTML ignorano gli spazi in più e il ritorno a capo in quanto il loro compito è riformattare il testo perché stia nell'area disponibile di visualizzazione. Di conseguenza, è possibile aggiungere spazi bianchi a piacere per rendere più leggibili i documenti HTML, cosa di cui hanno disperatamente bisogno. Come altra conseguenza non si utilizzano le linee bianche per separare i paragrafi, in quanto vengono semplicemente ignorate: è richiesto un tag specifico.
Alcuni tag hanno dei parametri, col nome. Per ogni tag, lo standard HTML definisce una lista dei parametri permessi, se ci sono, e spiega il loro significato. Dato che ogni parametro ha un nome, l'ordine col quale sono dati non è significativo.
L'elemento principale dell'intestazione è il titolo, delimitato da <TITLE> e </TITLE>, ma possono essere presenti anche delle meta-informazioni. Il titolo non viene visualizzato nella pagina. Alcuni browser lo utilizzano per dare un nome alla finestra che contiene la pagina. I titoli sono generati da un tag <Hn>, dove n è una cifra nell'intervallo 1..6. Dipende dal browser rappresentare tutto questo nello schermo nella maniera opportuna.
I tag <B> e <I> vengono usati per entrare rispettivamente in modalità grassetto e il corsivo, dovrà usare qualche altro modo per la loro rappresentazione. Invece di utilizzare degli stili fisici come grassetto o corsivo, gli autori possono anche usare gli stili logici come <DN> (definisci), <EM> (enfasi debole), <STRONG> (enfasi forte) e <VAR> (varibili di programma). Gli stili logici sono definiti in un documento chiamato foglio di stile (style sheet). Il vantaggio degli stili logici è che modificando una definizione, è possibile modificare tutte le variabili.
HTML include diversi meccanismi per creare liste, comprese le liste annidate.
Il tag <UL> inizia una lista non ordinata. Ai singoli elementi, che vengono indicati nella sorgente con il tag <LI>, vengono premessi i punti (.).
Una variante di questo meccanismo è <OL>, che serve per le liste ordinate. Quando viene usato questo tag, il browser numera gli elementi <LI>.
Una terza opzione è <MENU>, che di solito produce sullo schermo una lista più compatta, senza punti e senza numeri. Il tag <BR> forza un'interruzione di linea. HTML permette di includere delle immagini sulle linee in una pagina Web. Il tag <IMG> specifica

il caricamento di un'immagine nella pagina nella posizione corrente. Il parametro SRC indica la URL dell'immagine. Lo standard HTML non specifica quali sono i formati grafici permessi. I browser sono liberi di supportare qualsiasi formato.
Infine, arrivano gli iperpuntatori, che utilizzano i tag <A> (ancora) e </A>. Come <IMG>, <A> ha diversi parametri, che comprendono, tra gli altri, HREF (la URL), NAME (il nome del puntatore) e METHODS (metodi d'accesso). Viene visualizzato il testo tra <A> e </A>. Se selezionato, l'iperpuntatore conduce a una nuova pagina. In questo punto si può anche inserire un'immagine <IMG>, in questo caso per attivare l'iperpuntatore si può fare click sull'immagine.
Una funzione non inclusa in HTML 2.0 e che invece sarebbe stata necessaria a molti autori di pagine è la creazione di tabelle aventi per elementi iperpuntatori attivi.
Una tabella HTML consiste di una o più riche, ognuna composta da una o più celle. Le celle possono contenere una grande varietà di materiale, compreso testo, figure e anche altra tabelle. E' possibile raggruppare le celle, così ad esempio un titolo può comprendere più colonne. Gli autori di pagine hanno un certo controllo sull'aspetto finale, compreso l'allineamento, lo stile dei bordi e i margini delle celle, comunque i browser ha la parola finale nella rappresentazione delle tabelle. Le tabelle iniziano con il tag <TABLE>. E' possibile dare altre informazioni per descrivere le proprietà generale delle tabelle.

FORMS (MODULI)

I documenti scritti in HTML 1.0 erano in sistanza a senso unico. Gli utenti potevano richiamare pagine da fornitori di informazione, ma era difficile trasmettere dati nell'altro senso. Quando molte organizzazioni commerciali iniziarono a usare il Web, nacque una forte domanda per traffico a due sensi. Ad esempio, molte società volevano raccogliere ordini per i loro prodotti via pagine Web; i venditori di software volevano distribuire i programmi ordinati mediante moduli elettronici riempiti direttamente dei clienti, e le società che offrivano motori di ricerca volevano che i loro clienti potessero inviare chiavi di ricerca.
Queste ricerche portarono all'inclusione in HTML 2.0 del costrutto delle forms (moduli).
Una form contiene scatole o bottoni che permettono agli utenti di inserirvi informazioni o di fare delle scelte e quindi di rimandare le informazioni al proprietario della pagina. A questo scopo utilizzano i tag <INPUT>. Questo ha una varietà di parametri per determinare la dimensione, la natura e l'utilizzo della scatola visualizzata. Le form più

comuni sono dei campi bianchi per accettare del testo utente, quadretti per la scelta di un'operazione, mappe attive e bottoni tipo SUBMIT.
I tipi nativi sono TEXT, RADIO, CHECKBOX,PASSWORD E TEXTAREA.
Quando viene cliccato il tasto SUBMIT, una parola riservata riconosciuta dal browser, l'informazione utente sulla form viene rispedita alla macchina cha ha fornito la form.
Il browser inoltre riconosce il bottone RESET. Quando viene cliccato, riporta la form nel suo stato iniziale.
Dobbiamo menzionare altri due tipi. Il primo è HIDDEN. Questo è solamente di uscita; non può essere cliccato o modificato. Ad esempio, quando si lavora con una serie di pagine nelle quali vanno fatte diverse scelte, le scelte fatte in precedenza possono essere di tipo HIDDEN, per impedirne la modifica.
L'ultimo tipo è IMAGE, che serve per le mappe attive. Quando l'utente fa click sulla mappa, le coordinate (x,y) del pixel selezionato (cioè la posizione corrente del mouse) vengono memorizzate in alcune variabili e la form viene immediatamente restituita al proprietario per ulteriori elaborazioni.
Le form si possono sottomettere in tre modi: mediante il bottone di sottomissione, cliccando su una mappa attiva o battendo Enter su una form costituita da un elemento di tipo TEXT. Al momento delle sottomissione di una form, vengono intraprese delle azioni. L'azione è specifica dai parametri del tag <FORM>. Il parametro ACTION specifica la URL da avvisare per la sottomissione, e il parametro METHOD indica quale metodo usare. L'ordine di questi parametri (e di tutti gli altri) non è significativo.
Il modo in cui le variabili della form vengono spedite indietro al proprietario della pagina dipende dal valore del parametro METHOD. Per GET, il solo modo di restituire dei valori è conversazionale: sono appesi alla URL, separati da un punto di domanda. Nonostante ciò, questo metodo è usato di frequente perché e semplice.
Se viene usato il metodo POST, il corpo del messaggio contiene le variabili delle form e i loro valori. La stringa si potrebbe rispedire al server in una sola stringa, è compito del server dare un significato a tale stringa.
Fortunatamente, è già disponibile uno standard per la manipolazione dei dati delle form. Si chiama CGI (Common Gateway Interface). Consideriamo un modo comune per utilizzare CGI. Supponiamo che qualcuno abbia una base di dati interessante e voglia metterla a disposizione degli utenti del Web. Il modo in cui la CGI rende disponibile la base di dati è mediante uno script (o programma) di interfaccia (cioà gateway) tra la base di dati e il Web. Questo programma è associato a una URL, per convenzione nella

directory cgi-bin. I server HTTP sanno (o si può far sapere loro) che quando devono invocare un metodo su una pagina che si trova in cgi-bin, devono interpretare il file come se fosse eseguibile e avviarlo.

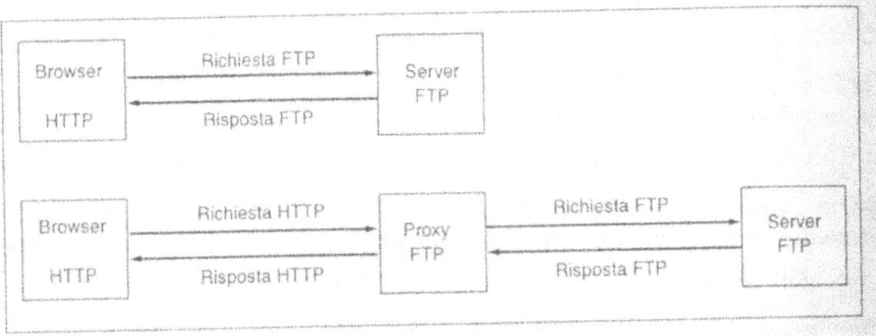

XML

INTRODUZIONE ALL'XML

L'HTML (Hypertext Markup Language) è considerato la base del World Wide Web. Questo linguaggio consente infatti di creare in maniera standardizzata pagine di informazioni formattate in grado di raggiungere, tramite Internet, un numero di utenti in costante aumento. Insieme al protocollo HTTP (Hypertext Transport Protocol), l'HTML ha rivoluzionato il modo in cui le persone inviano e ricevono informazioni, ma lo scopo principale per cui è stato realizzato è la *visualizzazione* dei dati. Per questo motivo, l'HTML prende in considerazione soprattutto il modo in cui le informazioni vengono presentate e non il tipo o la struttura di tali informazioni, aspetti per i quali è stato sviluppato il linguaggio XML (eXtensible Markup Language). La necessità di espandere le capacità di HTML ha spinto i produttori di browser a introdurre nuovi marcatori nella sintassi, rendendola a tutti gli effetti proprietaria e non più standard. Da ciò segue che una pagina HTML che sfrutti marcatori proprietari non può essere visualizzata correttamente se non con il browser adatto, con le ovvie conseguenze che ne derivano.
L'XML è un linguaggio di markup aperto e basato su testo che fornisce informazioni di tipo strutturale e semantico relative ai dati veri e propri. Questi "dati sui dati", o *metadati*, offrono un contesto aggiuntivo all'applicazione che utilizza i dati e consente un nuovo livello di gestione e manipolazione delle informazioni basate su Web.
L'XML, derivazione del noto linguaggio SGML (Standard Generalized Markup Language), è stato ottimizzato per il Web, diventando potente complemento dell'HTML basato su standard. L'importanza dell'XML nel futuro delle informazioni sul Web potrebbe pertanto giungere ad eguagliare quella dell'HTML agli albori.

ORIGINI E OBIETTIVI

L'Extensible Markup Language (XML) è un metalinguaggio che permette di creare dei linguaggi personalizzati di markup; nasce dall'esigenza di portare nel World Wide Web lo Standard Generalized Markup Language (SGML), lo standard internazionale per la descrizione della struttura e del contenuto di documenti elettronici di qualsiasi tipo; ne contiene quindi tutta la potenza, ma non tutte le complesse funzioni raramente utilizzate. Si caratterizza per la semplicità con cui è possibile scrivere documenti, condividerli e trasmetterli nel Web.

L'utilizzo di XML permette di superare il grosso limite attuale del Web, che è quello della dipendenza da un tipo di documento HTML, singolo e non estensibile. Questo linguaggio è nato per permettere agli utenti del World Wide Web di condividere le informazioni su sistemi differenti; il presupposto era che quelle informazioni fossero testo con al più alcune immagini e collegamenti ipertestuali. Attualmente però, le informazioni sul World Wide Web sono database di testo, immagini, suoni, video, audio. Quindi l'HTML è stato chiamato sempre più di frequente a fornire soluzioni a problemi che non aveva lo scopo di risolvere, come dover descrivere tipi differenti e specifici di informazioni, definire relazioni complesse di collegamenti fra documenti, trasmettere informazioni in diversi formati. Per superare questi problemi, sono state create delle estensioni dell'HTML, spesso fra loro incompatibili.

L'XML permette a gruppi di persone o ad organizzazioni di creare il proprio linguaggio di markup, specifico per il tipo di informazione che trattano; per molte applicazioni e per diversi settori, gli esperti hanno già creato linguaggi di markup specifici, come ad esempio il Channel Definition Format, il Mathematical Markup Language ed altri .

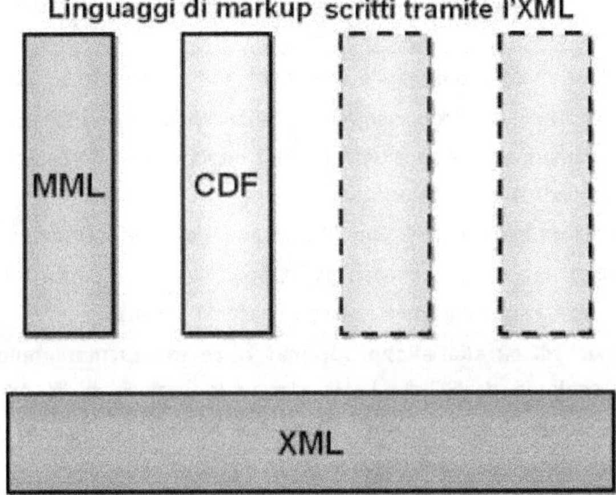

XML fu sviluppato da XML Working Group (originariamente noto come SGML Editorial Review Board) costituitosi sotto gli auspici del World Wide Web Consortium (W3C) nel 1996. Esso era presieduto da Jon Bosak della Sun Microsystems con la partecipazione

attiva dell'XML Special Interest Group (precedentemente noto come SGML Working Group) anch'esso organizzato dal W3C.
L'obiettivo di questo gruppo di lavoro era di portare il linguaggio SGML nel Web. L'SGML è un linguaggio per la specifica dei linguaggi di markup ed è il genitore del ben noto HTML.
La progettazione dell'XML venne eseguita esaminando i punti di forza e di debolezza dell'SGML. Il risultato è uno standard per i linguaggi di markup che contiene tutta la potenza dell'SGML ma non tutte le funzioni complesse e raramente utilizzate. L'XML venne mostrato per la prima volta al pubblico quando l'SGML celebrò il suo decimo anno.
Gli obiettivi progettuali di XML sono:

1. **XML deve essere utilizzabile in modo semplice su Internet**: in primo luogo, l'XML deve operare in maniera efficiente su Internet e soddisfare le esigenze delle applicazioni eseguite in un ambiente di rete distribuito.
2. **XML deve supportare un gran numero di applicazioni**: deve essere possibile utilizzare l'XML con un'ampia gamma di applicazioni, tra cui strumenti di creazione, motori per la visualizzazione di contenuti, strumenti di traduzione e applicazioni di database.
3. **XML deve essere compatibile con SGML**: questo obiettivo è stato definito sulla base del presupposto che un documento XML valido debba anche essere un documento SGML valido, in modo tale che gli strumenti SGML esistenti possano essere utilizzati con l'XML e siano in grado di *analizzare* il codice XML.
4. **Deve essere facile lo sviluppo di programmi che elaborino documenti XML**: l'adozione del linguaggio è proporzionale alla disponibilità di strumenti e la proliferazione di questi è la dimostrazione che questo obiettivo è stato raggiunto.
5. **Il numero di caratteristiche opzionali deve essere mantenuto al minimo possibile**: al contrario dell'SGML, l'XML elimina le opzioni, in tal modo qualsiasi elaboratore potrà pertanto analizzare qualunque documento XML, indipendentemente dai dati e dalla struttura contenuti nel documento.
6. **I documenti XML dovrebbero essere leggibili da un utente e ragionevolmente chiari**: poiché utilizza il testo normale per descrivere i dati e le relazioni tra i dati, l'XML è più semplice da utilizzare e da leggere del formato binario che esegue la stessa operazione; inoltre poiché il codice è formattato in modo diretto, è utile che l'XML sia facilmente leggibile da parte sia degli utenti che dei computer.

7. **La progettazione di XML dovrebbe essere rapida**: l'XML è stato sviluppato per soddisfare l'esigenza di un linguaggio estensibile per il Web. Questo obiettivo è stato definito dopo aver considerato l'eventualità che se l'XML non fosse stato reso disponibile rapidamente come metodo per estendere l'HTML, altre organizzazioni avrebbero potuto provvedere a fornire una soluzione proprietaria, binaria o entrambe.

8. **La progettazione di XML deve essere formale e concisa**: questo obiettivo deriva dall'esigenza di rendere il linguaggio il più possibile conciso, formalizzando la formulazione della specifica.

9. **I documenti XML devono essere facili da creare**: i documenti XML possono essere creati facendo ricorso a strumenti di semplice utilizzo, quali editor di testo normale.

10. **Non è di nessuna importanza l'economicità nel markup XML**: nell'SGML e nell'HTML la presenza di un tag di apertura è sufficiente per segnalare che l'elemento precedente deve essere chiuso. Benché così sia possibile ridurre il lavoro degli autori, questa soluzione potrebbe essere fonte di confusione per i lettori, nell'XML la chiarezza ha in ogni caso la precedenza sulla concisione.

RELAZIONE FRA XML E SGML

SGML è un meta-linguaggio, ovvero un insieme di regole generalizzate usate per creare molteplici linguaggi speciali che prendono il nome di markup language. Le applicazioni più note di SGML sono HTML, TIM (Telecommunication Interchange Markup); inoltre SGML viene largamente usato dalle grandi industrie di tecnologia come strumento di immagazzinamento e scambio di informazioni di qualsiasi tipo. E' poi utilizzato in tipografia (ad esempio nella stampa delle delibere) per creare il documento che poi le macchine tipografiche andranno a stampare secondo la loro interpretazione specifica delle strutture SGML. L'SGML stesso non ha mai suscitato particolare interesse tra gli sviluppatori Web, probabilmente a causa soprattutto della sua complessità e delle difficoltà che l'utilizzo di questo linguaggio comporta.

L'obiettivo era di includere nell'XML, solo le parti dell'SGML necessarie per la pubblicazione sul Web. XML eredita da SGML la capacità di definire con estrema facilità nuovi marcatori, creando di fatto dei linguaggi di markup personalizzati, mentre la complessità e le caratteristiche opzionali che appesantivano l'SGML sono state pertanto eliminate dall'XML.

Pregi di SGML : La sua potenza è la flessibilità. E' uno standard (ISO 8879:1986) che può essere applicato ad ogni tipo dato; è espandibile ed è fortemente strutturato. Queste caratteristiche lo rendono capace di risolvere problemi di elaborazione dell'informazione tra i più complessi, garantendo un perfetto riutilizzo dei dati. Inoltre è non-proprietario ed indipendente dalla piattaforma.
Limiti di SGML : Ha una struttura molto pesante, comprensiva di un gran numero di opzioni che lo rendono poco maneggevole da un eventuale software di manipolazione dei dati, quindi può rappresentare un grosso scoglio per i programmatori che lavorano sul Web. Comunque sia il problema più importante è che SGML richiede un DTD (Document Type Definition) per l'identificazione di tutte le relazioni tra le entità che compongono il documento SGML, e di uno Style-Sheet cioè un foglio di stile che stabilisce il modo di rappresentare e/o visualizzare i dati e le strutture definite nel DTD. Inoltre ogni documento SGML deve necessariamente essere validato e quindi oltre ad un controllo sintattico viene controllata anche la semantica delle strutture di dati presenti nel documento (ad esempio non potrà succedere che un titolo di capitolo viene dopo il relativo sottotitolo). Si capisce quindi che in mancanza di uno di questi elementi, o in caso di corruzione dei dati, le istanze SGML saranno visualizzate come codice incomprensibile per l'utente finale. Il risultato di queste considerazioni è che per le applicazioni sul World Wide Web (WWW) le istanze SGML non sono praticamente portabili data la loro intrinseca pesantezza e non robustezza.

RELAZIONE FRA XML E HTML

L'XML è spesso considerato una sostituzione dell'HTML. Sebbene questo possa essere in parte vero, in realtà i due linguaggi sono complementari e, relativamente al modo in cui vengono trattati i dati, operano su livelli differenti. Nei casi in cui l'XML viene utilizzato per strutturare e descrivere i dati sul Web, l'HTML è usato per formattare i dati.
Pregi di HTML : Data la semplicità della struttura dei documenti HTML, rappresenta un veloce strumento per lo scambio delle informazioni sul Web. Le istanze HTML non devono essere validate ma è sufficiente che siano "ben formate", ovvero sintatticamente corrette. Il modo con cui viene visualizzato il documento dipende dallo Style-Sheet del browser stesso.
Limiti di HTML : I limiti di HTML discendono proprio dai suoi pregi e sono dovuti soprattutto ad un uso distorto di questo strumento. Dal momento che non è richiesta una strutturazione semanticamente corretta delle informazioni, HTML diventa molto povero

per le applicazioni di elaborazione dei dati, quindi il problema viene completamente demandato agli applicativi scritti in Java, Java Script, ecc. La sua struttura non è estensibile e questo lo rende praticamente inutilizzabile per le industrie che si sono viste costrette a crearsi standards differenti per ogni diversa applicazione, ed ancora una volta è compito del software elaborare i dati per il trasferimento delle informazioni sul Web. Un altro problema da non sottovalutare si può verificare dalla parte del client qualora non abbia un dispositivo video del tipo previsto dal server (per esempio dispositivi per il braille o monitor non grafici).

Inoltre l'HTML non offre i meccanismi per mantenere il controllo della formattazione. Infatti non si possono specificare le dimensioni video di un documento o controllare le dimensioni della finestra di un browser. Per superare questo problema sono stati inseriti nuovi tag e i fogli di stile; i nuovi tag forniscono istruzioni di formattazione come ad esempio il tag <FONT> per specificare il tipo di carattere; gli utenti però, possono ignorare queste specifiche e utilizzare le loro; inoltre questi tag sono di formattazione e non di descrizione (come dovrebbero essere essendo l'HTML un linguaggio di descrizione del documento). Tutto questo fa sì che uno sviluppatore di pagine Web non sappia mai con certezza cosa un client visualizzerà sullo schermo del computer.

Il W3C (ente guida per lo sviluppo del Web), si rese conto che la creazione di una moltitudine di nuovi tag che rispondessero a ogni possibile esigenza di formattazione era irrealistica ed incoerente con i principi ed i concetti dell'HTML; vennero quindi introdotti i CSS (Cascading Style Sheet) che permettono attraverso le norme di stile di definire come devono apparire determinati elementi di un documento; anche con i CSS però, si deve scegliere fra un assortimento di proprietà predefinite.

Bisogna anche specificare che lasciare al browser la decisione di come presentare un documento, fu esplicitamente voluto come impostazione del progetto HTML (infatti come si è già detto è un linguaggio di descrizione del documento). Il browser conosce le preferenze degli utenti e soprattutto l'ambiente in cui si trova ad operare; tutte informazioni che logicamente l'autore di un documento HTML non conosce (a parte pochi casi, come un ambiente intranet omogeneo). Il poter decidere come visualizzare un documento è molto utile ad esempio quando un utente non dispone di un browser grafico, oppure per utenti che hanno problemi di vista e hanno bisogno di caratteri molto grandi, oppure addirittura per utenti non vedenti. Sfortunatamente, le case produttrici di browser, non hanno capito la filosofia di base dell'HTML; il risultato di questo è che allo stato attuale un numero enorme di pagine sul Web, contengono insiemi di tag specifici per determinati browser, e anche per determinate versioni dello stesso browser; queste pagine sono molto spesso illeggibili. Gradualmente l'HTML sta passando da un linguaggio di descrizione, ad un linguaggio di presentazione, con tutti i problemi qui descritti; l'XML può fornire una soluzione, fornendo un layout a chiunque e indipendentemente dal browser utilizzato, attraverso l'utilizzo dell'Exstensible Style Language (XSL), che diventerà uno standard universalmente accettato.

L'XML si differenzia dall'HTML per tre maggiori aspetti:

- Possono essere definiti nuovi tag ed attributi.
- La struttura di un documento può essere vista in modo gerarchico nidificando i tag in ogni livello di complessità.
- Ogni documento XML può contenere una opzionale descrizione della sua grammatica, in modo che possa essere utilizzata da applicazioni che richiedono una validazione della struttura del documento.

LE PROPRIETA' DELL'XML

L'XML è importante in due classi di applicazioni Web: la creazione di documenti e lo scambio dei dati; i server Web attualmente utilizzati richiedono, per essere in grado di servire documenti XML, minime modifiche di configurazione; inoltre il metodo standard di collegamento e la connessione dei documenti XML, utilizza gli URL, che vengono interpretati correttamente della maggior parte del software per Internet.

La sintassi dell'XML è molto simile a quella dell'HTML, ma molto più rigida e severa; anche se al primo impatto questa caratteristica non sembra una proprietà positiva, (soprattutto per chi dovrà scrivere documenti XML), è stata volutamente introdotta dal gruppo di studio del W3C, per facilitare lo sviluppo di applicazioni basate sull'XML e aumentarne le prestazioni (si pensi ad un browser). Inoltre una sintassi chiara e pulita, aumenta la leggibilità di un documento (questo vale in generale); a questo proposito si può dire che una sintassi chiara e pulita, unita alla possibilità di creare un proprio set di markup, contribuirà a rendere un file XML leggibile quanto un file di solo testo (e in alcuni casi di più).

L'XML non è limitato a un insieme fisso di tipi di elementi, ma permette di definire e utilizzare elementi e attributi personalizzati; per far questo viene fornita una sintassi con cui è possibile specificare gli elementi e gli attributi che possono essere utilizzati all'interno dei documenti. In altre parole è possibile creare un modello, chiamato Document Type Definition (DTD), che descrive la struttura e il contenuto di una classe di documenti; lo stesso XML ha un proprio DTD (attualmente descritto nella specifica REC-xml-19980210) in cui vengono elencate le regole della specifica stessa del linguaggio. Con l'XML è anche introdotta una classe di documenti che fa riferimento al solo DTD dell'XML; la creazione di un DTD personale non è quindi indispensabile.

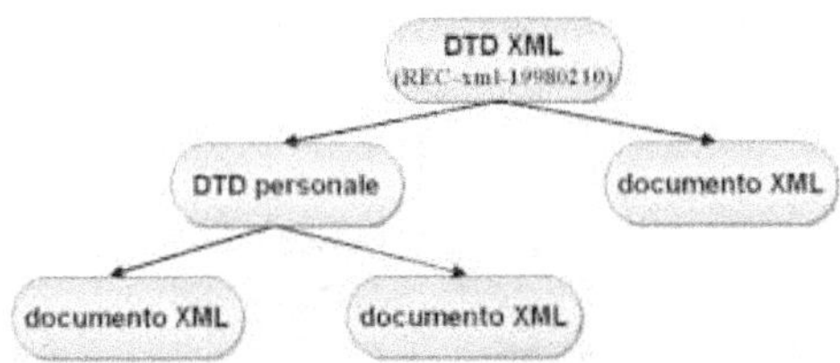

Questa possibilità semplifica molto l'utilizzo dell'XML rispetto all'SGML. Nel linguaggio SGML infatti i DTD sono indispensabili (e spesso complicati da creare e da imparare), e un documento deve fare obbligatoriamente riferimento ad uno di essi.

L'XML permette di creare dei tag personalizzati; inoltre uno stesso documento XML può essere utilizzato per scopi diversi da applicazioni diverse. Come fa una applicazione a riconoscere il markup disegnato per lei e ad evitare di confonderlo con il markup disegnato per altre applicazioni? Ad esempio una applicazione potrebbe utilizzare un elemento chiamato "address" per identificare il domicilio di una persona; un'altra applicazione invece potrebbe utilizzare lo stesso elemento per identificare l'indirizzo elettronico di una persona. Anche un programmatore potrebbe avere difficoltà nel capire l'utilizzo di un determinato elemento; per risolvere questo tipo di problemi, il gruppo di lavoro del W3C ha pensato ad un metodo per individuare le convenzioni che governano l'utilizzo di un particolare set di elementi; l'idea è quella di utilizzare un namespace, cioè un documento in cui viene definito l'utilizzo di un particolare set di elementi; un documento XML può far riferimento ad un namespace attraverso un indirizzo Web. Il documento di riferimento è il WD-xml-names-19990114.

L'XML può essere utilizzato come piattaforma per lo scambio di dati tra le applicazioni, ciò è possibile perché è orientato alla descrizione dei dati.

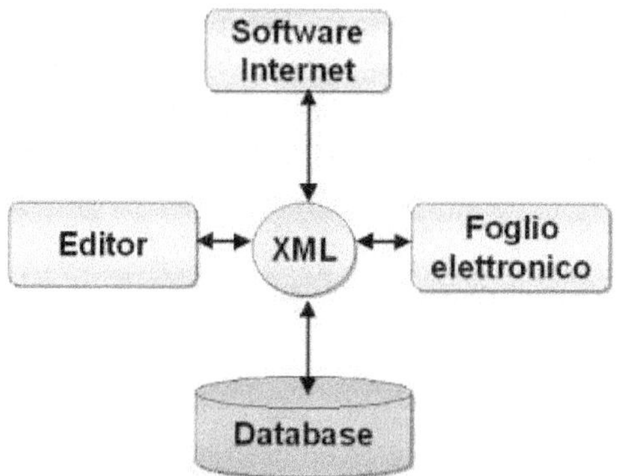

Poniamo il caso che si voglia scambiare le informazioni di database su Internet. Si immagini di utilizzare un browser per rinviare al server le informazioni su un questionario compilato dagli utenti. Questo processo, come molti altri, richiede un formato che possa essere personalizzato per un utilizzo specifico e che sia una soluzione aperta non proprietaria.

L'XML è la soluzione per questo tipo di problema. Questo linguaggio in futuro diventerà sempre più importante per lo scambio di dati su Internet.

L'XML è in grado di fornire una sola piattaforma per lo scambio di dati tra le applicazioni. Era sempre stato difficile trovare un formato di interscambio che potesse essere utilizzato per il trasferimento di dati tra database di fornitori differenti e sistemi operativi diversi. Quel tipo di interscambio è ora diventato una delle applicazioni principali dell'XML.

Le pagine HTML hanno l'unico scopo di essere visualizzate da un browser (infatti si dice che i dati nell'HTML sono orientati al video); per questo è molto difficile l'elaborazione successiva delle informazioni contenute nelle pagine HTML. I documenti basati sull'XML invece, non fanno supposizioni su come verranno utilizzati dal client; così le informazioni ricevute possono essere utilizzate da un'applicazione che comprende il linguaggio XML, utilizzando i dati ivi contenuti in altri processi software; quindi uno stesso documento può essere facilmente utilizzato per scopi diversi.

Il collegamento ipertestuale è una caratteristica specifica dell'HTML; attualmente però, esso supporta solo un tipo di collegamento, che è quello unidirezionale; in un vero sistema ipertestuale i tipi di collegamento sono diversi. Anche se l'XML è uno standard, molte cose sulle tecnologie correlate, quali i fogli di stile ed il collegamento, sono ancora in fase di sviluppo; quindi il modo esatto in cui il collegamento deve essere implementato nell'XML è ancora in fase di studio. Sicuramente dovrà essere compatibile con i meccanismi di collegamento HTML esistenti, supportare l'estensibilità e le proprietà intrinseche dell'XML e implementare i vari tipi di collegamenti propri di un vero sistema ipertestuale. Attualmente lo standard di riferimento è l'Extensible Linking Languge (XLL) del 3/3/1998; è stato diviso in due parti: XML Linking Language (XLink) e XML Pointer Language (XPointer).

L'XSL definisce la specifica per la presentazione e l'aspetto di un documento XML: è stato presentato nel 1997 da un consorzio di industrie software (tra cui anche la Microsoft) al W3C perché lo approvasse come linguaggio di stile standard per i documenti XML. L'XSL è un sottoinsieme del Document Style Semantics and Specification Language (DSSSL), il linguaggio di stile utilizzato in ambiente SGML; gode delle proprietà di essere estensibile, potente ma nello stesso tempo di facile utilizzo.

Con l'XSL è possibile creare fogli di stile che permettono la visualizzazione di un documento XML in un qualsiasi formato (audio, video, braille, etc.). Attualmente lo standard di riferimento è il documento WD-xsl-19990421.

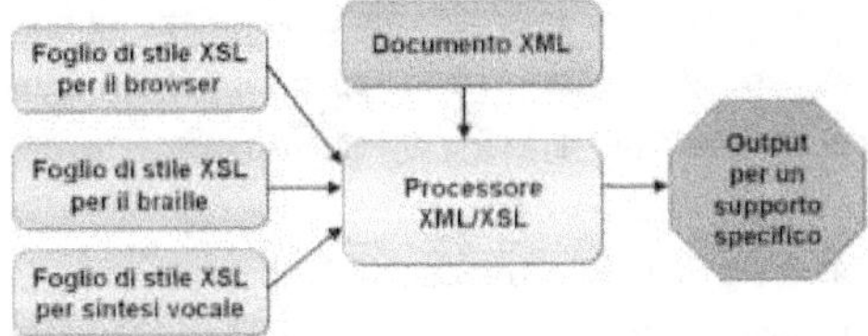

L'XML E IL WEB

Si possono individuare quattro categorie di applicazioni che utilizzeranno l'XML:

- Applicazioni che richiedono al Web client di mediare tra due o più database eterogenei.
- Applicazioni che tentano di distribuire i processi di caricamento dell'informazione dal Web server al Web client.
- Applicazioni che richiedono al Web client di presentare differenti viste degli stessi dati ad utenti differenti.
- Applicazioni nelle quali motori di ricerca Web tentano di ritagliare le informazioni scoperte, ai bisogni individuali degli utenti.

L'alternativa all'XML, per queste applicazioni, sono codici proprietari inseriti come script nei documenti HTML. La filosofia dell'XML invece, si basa sul fatto che il formato dei dati non sia legato a nessuno script in particolare, e sia uno standard indipendente da qualsiasi organizzazione proprietaria.

L'IMPORTANZA DELL'XML – DATABASE ETEROGENEI

Un esempio di questa categoria di applicazioni Web è il sistema informativo di un'agenzia americana di "home health care". Questo tipo di agenzie sono il maggior componente dell'industria medica americana e la loro importanza sta aumentando da quando politiche governative hanno spostato l'assistenza medica ospedaliera verso l'assistenza medica domestica. Come si può ben capire la gestione dell'informazione è critica per questa industria; la salute di un paziente è rappresentata nel sistema informativo attraverso una collezione di documenti storici che rappresentano la vita medica di una persona, passata attraverso vari dottori, ospedali, farmacie e compagnie di assicurazioni; quando un nuovo paziente entra in una agenzia, c'è l'enorme compito di prelevare tutto il materiale e di memorizzarlo nel database dell'agenzia. L'avvento del Web diede alla comunità informatica medica la speranza di poter semplificare lo sforzo di memorizzazione delle informazioni nel database; sfortunatamente le applicazioni Web esistenti offrono modelli di soluzione a questo problema inadeguati. Gli ospedali offrono alle agenzie una soluzione che in poche parole è così riassunta:

1. Raggiungere il sito Web dell'ospedale
2. Diventare un utente autorizzato
3. Accedere alla documentazione medica del paziente attraverso il browser
4. Stampare la documentazione
5. Inserire manualmente i dati nel database (dalla stampa)

Attualmente questa soluzione è proposta da un gran numero di ospedali americani. Una versione leggermente più sofisticata permette all'operatore di inserire manualmente i dati letti dal browser direttamente in un form dell'agenzia (in una finestra separata), evitando così la stampa del documento. Anche questa però non è una grande soluzione. La soluzione ideale sarebbe la seguente:

1. Raggiungere il sito Web dell'ospedale
2. Diventare un utente autorizzato
3. Accedere alla documentazione medica del paziente attraverso una interfaccia Web che rappresenti la documentazione con una icona a cartella

4. Fare un drag della cartella dall'applicazione Web nel database interno
5. Fare un drop della cartella nel database

Attualmente questa soluzione non è possibile poiché ci si scontra con i limiti dell'HTML; le ragioni sono due:

- L'HTML non permette di rappresentare strutture dati
- L'HTML non permette il controllo dei dati per validare i documenti ricevuti

Una soluzione tecnica per implementare questo scambio di documenti è quella di richiedere agli ospedali e alle agenzie di utilizzare un sistema informativo standard dettato dal governo (tale soluzione è attualmente allo studio); questo tipo di soluzione è però difficile da mettere in pratica, soprattutto in un ambiente dove ospedali e agenzie stanno attraversando un momento di difficoltà finanziaria (cambiare il sistema informativo comporta generalmente grosse spese). Un'altra soluzione è quella di adottare un formato standard di scambio dell'informazione; un grande numero di industrie nel campo spaziale, telecomunicazioni, hardware, software, ha utilizzato per anni un linguaggio standard per lo scambio dei dati e il processo è attualmente molto ben compreso. Tipicamente un consorzio di grandi industrie definisce un Document Type Definition (in ambiente SGML) per implementare un linguaggio di markup specifico per un determinato scopo; quindi il linguaggio è utilizzato come standard per lo scambio dei dati in determinati ambienti.

La soluzione XML è indipendente dai sistemi, dalle organizzazioni e proviene dalla decennale esperienza dell'SGML; l'XML permette di utilizzare l'approccio SGML per lo scambio dei dati nel Web; è significativo come il giorno del rilascio della prima versione stabile dell'XML, l'organizzazione che raggruppa le maggiori agenzie di home health care, abbia annunciato lo sviluppo dell'Health Care Markup Language in ambiente SGML, che dovrebbe risolvere i tipi di problemi descritti in questo esempio.

Si è anche dimostrato che rappresentare i dati con un ricco markup ha dei benefici che vanno oltre lo scambio dei dati; ad esempio è molto utile rappresentare risultati di un esame clinico con tag quali <allergia> oppure <reazione>; infatti chi legge il documento è subito allertato (da una applicazione apposita) del fatto che un paziente può essere allergico alla penicillina.

PROCESSI DISTRIBUITI

Un esempio di questa seconda categoria di applicazioni XML è il sistema di distribuzione dei dati adottato dall'industria dei semiconduttori. Ogni grande industria nel campo dei semiconduttori deve mantenere enormi quantità di dati tecnici sui circuiti integrati prodotti.

Per abilitare lo scambio di questi dati, anni fa fu formato un consorzio (il Pinnacles Group) di industrie quali Intel, National Semiconductor, Philips, Texas Instrument e Hitachi; lo scopo era quello di sviluppare uno specifico linguaggio di markup in ambiente SGML; nel 1995 è stata presentata la prima versione stabile e attualmente le grandi compagnie sono impegnate nel processo d'implementazione di questo linguaggio. Si potrebbe pensare che l'incremento della popolarità dell'HTML avesse fatto cambiare idea ai membri del Pinnacles Group, ma le limitazioni di tale linguaggio li hanno convinti che l'idea originale fosse più che corretta. L'idea era che utilizzare il linguaggio di markup come veicolo per la distribuzione dei dati sui circuiti integrati potesse permettere non solo la loro visualizzazione, ma anche il progetto dei circuiti stessi. Questo approccio si integra molto bene con la tecnologia dei Java applet perché permette ad un ingegnere di accedere al sito Web di una industria di semiconduttori e di scaricarsi non solo i dati di un particolare circuito integrato, ma anche un Java applet che permetta di combinare i dati in vari modi.
Questo esempio dei semiconduttori è una buona dimostrazione dei vantaggi dell'XML perché:

- Richiede uno specifico tag set che non può essere ottenuto con il non estensibile tag set dell'HTML.
- Richiede che la rappresentazione dei dati sia indipendente dai sistemi utilizzati nelle varie industrie.
- Creare il disegno dei circuiti dai dati è un processo computazionalmente molto intensivo; quindi in un ambiente Web client-server è necessario distribuire il processo computazionale per ridurre al minimo l'interazione fra il client e il server e lasciare la parte più intensiva del processo sul client; questo aspetto può essere riassunto nel seguente slogan: "XML fa lavorare Java".

Bisogna notare che la validazione dei dati in questi processi non è sempre necessaria; infatti la validazione dei dati è cruciale quando questi devono essere memorizzati in un database, ma non sempre questo è richiesto; per rendere questi processi il più efficienti possibile, XML permette che la validazione sia un optional in applicazioni dove non è necessaria.
L'esempio dei semiconduttori mostra come si integrano bene l'XML e Java in applicazioni in cui i dati devono essere manipolati in modo interessante sul client.

VISTE DIFFERENTI

Un utente può decidere di cambiare la visualizzazione dei dati senza dover scaricare differenti formati dal Web server. Una possibile applicazione di questa categoria è un dinamico tables of contents (TOC); è possibile attraverso un server Web, presentare all'utente il contenuto di una struttura dati utilizzando un TOC dinamico; con un click del mouse su una parte del TOC, l'utente può ottenere livelli di dettaglio più specifici della struttura dati. Un TOC dinamico di questo tipo può essere generato a run-time direttamente dalla struttura gerarchica dei dati memorizzati in un database; sfortunatamente il ritardo intrinseco della rete Internet, rende il processo di espansione o di contrazione del TOC fastidioso per molti utenti. Una soluzione migliore è quella di scaricare l'intera struttura TOC sul Web client; quindi l'utente può espandere, contrarre, navigare nel TOC, supportato da processi molto veloci che girano direttamente sul suo client.

Un gruppo di studio alla Sun ha implementato questo tipo di soluzione nel Java-based HTML Help browser, ma le limitazioni dell'HTML richiedono al team ingegnose "capriole". In questa applicazione un TOC è costruito manualmente (le carenze dell'HTML rendono impossibile la generazione automatica del TOC direttamente dal documento), utilizzando un set di tag inventato per questo proposito. Quindi il TOC è inserito in un commento dentro la pagina HTML, per fare in modo che il Web browser non abbia problemi di riconoscimento del set di tag non convenzionale; un applet Java scaricato con il documento HTML interpreta il markup del TOC, fornendolo all'utente.

In pratica questa soluzione lavora molto bene; ma in ambiente XML, la creazione manuale del TOC non è necessaria; naturalmente attraverso un editor è necessario creare la struttura generale del TOC, ma il TOC specifico di una particolare struttura dati può essere generato a run-time e scaricato nel browser che lo visualizza grazie al Java applet.

La capacità di catturare e trasmettere le informazioni semantiche e strutturale dei dati, rende possibile attraverso l'XML, l'implementazione di una grande varietà di questo tipo di applicazioni; ad esempio:

- Con un semplice click del mouse si può optare per visualizzare la versione per macchine Sparc del manuale tecnico del sistema operativo Solaris, o la versione per macchine x86.
- Oppure si può optare per visualizzare il manuale in differenti lingue internazionali.

- Un documento che contiene molte annotazioni può essere visualizzato senza queste, oppure solo con le annotazioni, oppure sia con il testo che con le annotazioni, semplicemente attraverso un menu di selezione.
- Una agenda telefonica ordinata sul Cognome, può istantaneamente essere ordinata sul nome.

Questi sono solo alcuni esempi che possono essere implementati in ambiente Web grazie all'XML.

MOTORI DI RICERCA

XML permette di aggiungere informazioni semantiche al testo:

<Autore>Giancarlo Parma</Autore>

questo permette di semplificare la creazione di applicazioni che svolgono operazioni intelligenti con i documenti elettronici; un motore di ricerca sarebbe in grado di eseguire ricerche esplicite nel Web per trovare tutti i documenti in cui Giancarlo Parma è l'autore; in questo modo si può superare uno dei limiti dell'HTML, in cui i dati sono orientati al video e difficili da utilizzare per una elaborazione successiva; a questo riguardo, il commercio on-line è in pieno sviluppo e sempre più commercianti in tutto il mondo si stanno affacciando nel Web; però un'indagine su un campione di acquirenti abituali via Internet, ha evidenziato una certa frustrazione da parte dei consumatori per la difficoltà di trovare i prodotti di cui hanno bisogno; il problema risiede nel sistema di indicizzazione delle merci, non sempre intuitivo e semplice come l'utente vorrebbe.

La chiave per risolvere questo tipo di problemi sta in questo slogan: "L'informazione ha bisogno di conoscere se stessa, ma ha anche bisogno di conoscere me"; supponiamo di dover implementare una guida TV personalizzata per un sistema via cavo di 500 canali; la guida TV personalizzata deve conoscere sia le preferenze e le caratteristiche dell'utente (livello di educazione, interessi, professione, età, etc.), sia le caratteristiche dei programmi trasmessi; queste informazioni devono essere fornite in modo tale da permettere al motore di ricerca implementato nella guida, di fare una selezione intelligente dei programmi più interessanti per l'utente; si ha quindi bisogno di un sistema standard che utilizzi uno specifico set di tag con cui poter esprimere le caratteristiche di un particolare programma (argomento, tipo di utenza a cui è rivolto, attori, lunghezza, data in cui è stato girato, lingua, etc.).

Questo è un semplice esempio che può naturalmente essere esteso ad un qualsiasi ambiente in cui l'informazione debba essere ritagliati sui gusti degli utenti; l'XML è un'ottima soluzione anche per questo tipo di problemi e permetterà ad applicazioni Web di competere realmente con la grande distribuzione dislocata sul territorio.

STRUTTURA E SINTASSI

Una delle caratteristiche principali dell'XML è la possibilità di fornire una struttura a un documento. Ogni documento XML comprende sia una *struttura logica* che una *struttura fisica*. La struttura logica è simile a un modello che indica quali elementi includere in un documento e in quale ordine. La struttura fisica contiene i dati effettivi utilizzati in un documento, quali il testo memorizzato nella memoria del computer, un'immagine memorizzata nel WWW e così via. Per comprendere la struttura di un documento XML, osserviamo questo modello:

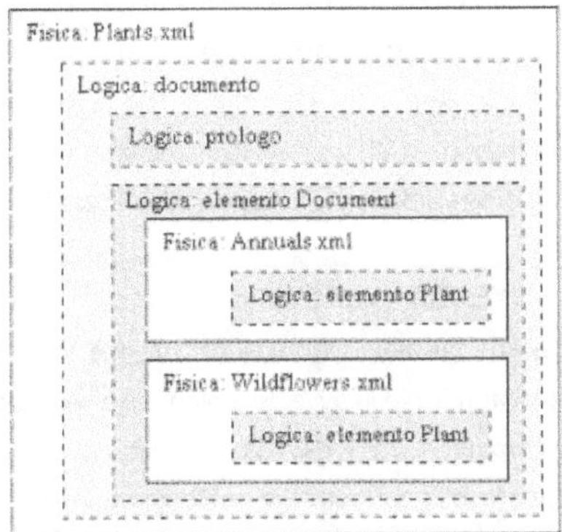

STRUTTURA LOGICA DEL LINGUAGGIO XML

La struttura logica fa riferimento all'organizzazione delle parti di un documento: in altre parole, indica il modo in cui viene creato un documento in contrapposizione al contenuto del documento stesso.

Un documento XML è costituito da dichiarazioni, elementi, istruzioni di elaborazione e commenti. Alcuni componenti sono opzionali, altri sono necessari.

PROLOGO Il primo elemento strutturale di un documento XML è un *prologo* opzionale, costituito da due componenti principali anch'essi opzionali: la *dichiarazione XML* e la *dichiarazione del tipo di documento*.

DICHIARAZIONE XML La dichiarazione XML identifica la versione delle specifiche XML a cui è conforme il documento. Sebbene la dichiarazione XML sia un elemento opzionale, deve sempre essere inserita in documento XML. Il documento inizia con una dichiarazione XML di base: <?xml version="1.0"?>

Una dichiarazione XML può inoltre contenere una *dichiarazione di codifica* (encoding) e una *dichiarazione di documento autonomo* (standalone). La dichiarazione di codifica identifica lo schema di codifica dei caratteri, ad esempio UTF-8 o EUC-JP. Schemi di codifica diversi assegnano formati di caratteri o linguaggi diversi. La dichiarazione di documento autonomo identifica l’esistenza delle dichiarazioni di markup esterne al documento. Questo tipo di dichiarazione può assumere valore *yes* o *no.*

DICHIARAZIONE DEL TIPO DI DOCUMENTO La dichiarazione del tipo di documento è costituita da codice di markup che indica le regole grammaticali o la definizione del tipo di documento DTD per una particolare classe di documenti. Questa dichiarazione può anche essere diretta a un file esterno che contiene tutta o parte della DTD e deve essere visualizzata dopo la dichiarazione XML e prima dell’elemento Document. Queste stringhe di codice aggiungono una dichiarazione del tipo di documento all’esempio:

```
<?xml version="1.0"?>
<!DOCTYPE Wildflowers SYSTEM "Wldflr.dtd">
```

L’ELEMENTO DOCUMENT L’elemento Document contiene tutti i dati di un documento XML inclusi tutti i sottoelementi nidificati e le entità esterne. Può essere considerato simile all’unità C: del computer. Tutti i dati del computer sono memorizzati in questa singola unità in cui le cartelle e le sottocartelle contengono le singole parti di dati in una struttura logica e di semplice gestione. Queste stringhe di codice aggiungono un elemento Document, in questo caso l’elemento Plant all’esempio:

```
<?xml version="1.0"?>
<!DOCTYPE Wildflowers SYSTEM "Wldflr.dtd">
<PLANT>
 <COMMON>Columbine</COMMON>
 <BOTANICAL>Aquilegia canadensis</BOTANICAL>
</PLANT>
```

La ***nidificazione*** è il processo che consente di incorporare un oggetto o un costrutto l’uno all’interno dell’altro. Un documento XML può ad esempio contenere elementi nidificati e altri documenti. Ogni elemento secondario, cioè un elemento diverso dall’elemento Document risiede interamente all’interno del relativo elemento principale, così :

```
<DOCUMENT>
	<PARENT1>
		<CHILD1></CHILD1>
		<CHILD2></CHILD2>
	</PARENT1>
</DOCUMENT>
```

STRUTTURA FISICA DEL LINGUAGGIO XML

La struttura fisica di un documento XML è costituita da tutto il contenuto del documento stesso. Le unità di memorizzazione definite *entità*, possono essere parte integrante del documento o possono essere esterne. Ogni entità è identificata da un nome univoco e da un contenuto specifico che può essere costituito da un singolo carattere all'interno del documento o da un file esterno di grandi dimensioni. In termini di struttura logica di un documento XML, le entità vengono dichiarate nel prologo e viene loro fatto riferimento nell'elemento Document.

Dopo aver dichiarato la DTD, l'entità può essere utilizzata in un punto qualsiasi del documento. Un riferimento di entità indica all'elaboratore di recuperare il contenuto di un'entità, come stabilito dalla dichiarazione di entità, e di utilizzarla all'interno del documento.

ENTITA' ANALIZZABILI E NON ANALIZZABILI Un'entità può essere *analizzabile* o *non analizzabile*. Per entità analizzabile si intende un'entità in grado di essere letta dall'elaboratore di XML che ne consente l'estrazione. Al termine dell'estrazione, questo tipo di entità viene visualizzata come parte del testo del documento nella posizione di riferimento dell'entità stessa. Ad esempio, una dichiarazione del tipo analizzabile potrebbe essere questa : <!ENTITY LR1 "light requirement: mostly shade">

Ogni volta che nel documento viene fatto riferimento a questa entità, quest'ultima verrà sostituita dal contenuto. Se si desidera modificare il contenuto dell'entità, è necessario effettuare questa operazione solo nella dichiarazione e la modifica si rifletterà in qualsiasi punto del documento in cui venga utilizzata l'entità.

RIFERIMENTI DI ENTITA' Il contenuto di ogni entità viene aggiunto al documento ogni volta che viene fatto riferimento a quell'entità. Il riferimento ha la funzione di segnaposto per l'autore del contenuto e l'elaboratore di XML colloca il contenuto effettivo nei punti di riferimento. Per includere un riferimento, bisogna inserire una e commerciale (&) e immettere il nome dell'entità seguito da punto e virgole (;). All'interno di un documento assumerebbe il seguente aspetto: <TERM>Wild Ginger has the following &LR1;</TERM>

RIFERIMENTI DI ENTITA' DI PARAMETRO Un altro tipo di riferimento è quello relativo all'entità di parametro che utilizza un modulo (%) invece di una e commerciale anche se l'aspetto è simile a qualsiasi altro riferimento di entità. *%CDF*; è un esempio di entità di parametro.

Un'entità non analizzabile viene indicata talvolta come entità binaria in quanto il contenuto è spesso costituito da un file binario, ad esempio un'immagine, che non può essere interpretato direttamente dall'elaboratore XML. Un'entità non analizzabile richiede informazioni diverse da quelle incluse in un'entità analizzabile. Viene richiesta un'*annotazione* che identifica il formato o il tipo di risorsa per cui l'entità viene dichiarata.

Ad esempio :

<!ENTITY MyImage SYSTEM "Image001.gif" NDATA GIF>

Questa dichiarazione significa che l'entità MyImage è un file binario nell'annotazione GIF. Perché queste dichiarazione di entità siano valide, anche l'annotazione deve essere dichiarata. La *dichiarazione di annotazione* consente all'applicazione di XML di gestire i file binari esterni. Nel caso dell'annotazione GIF utilizzata nell'esempio, può essere impiegata la dichiarazione di annotazione seguente:

<!NOTATION GIF SYSTEM "/Utils/Gifview.exe">

Questa stringa di codice indica all'elaboratore di XML di utilizzare Gifview.exe per elaborare l'entità di tipo *GIF* ogni volta che viene rilevata. Dopo essere stata dichiarata, la dichiarazione di annotazione può essere utilizzata all'interno del documento.

ENTITA' PREDEFINITE Nel linguaggio XML alcuni caratteri sono utilizzati per contrassegnare il documento in modo specifico. Le parentesi angolari (<>) e la barra (/) sono interpretate come markup e non come dati di un carattere effettivo:

<PLANT>Blodroot</PLANT>

Questi e altri caratteri sono riservati per il markup e non possono essere utilizzati come contenuto. Se si desidera che questi caratteri siano visualizzati come dati, è necessario utilizzare determinati codici:

< < (parentesi angolare di apertura)

> > (parentesi angolare di chiusura)

& ; & (e commerciale)

' ' (apostrofo)

" " (virgolette doppie)

ENTITA' INTERNE ED ESTERNE Nel primo caso si tratta di un'entità in cui non esistono unità di memorizzazione fisica separate e il cui contenuto viene fornito nella dichiarazione corrispondente, ad esempio:

```
<!ENTITY LR1
 "light requirement: mostly shade">
```

Un'entità esterna fa riferimento a un'unità di memorizzazione nella dichiarazione mediante un identificatore pubblico o di sistema. L'identificatore di sistema fornisce un collegamento alla posizione in cui si trova il contenuto dell'entità, ad esempio un URI (Uniform Resource Identifier) come ad esempio:

```
<!ENTITY MyImage
                    SYSTEM
 "http://www.wildflowers.com/Image001.gif" NDATA GIF>
```

In questo caso l'elaboratore di XML deve necessariamente leggere il file Image001.gif per recuperare il contenuto di questa entità.

Oltre all'identificatore di sistema, l'entità può includere un identificatore pubblico che fornisce un metodo opzionale e alternativo per il recupero del contenuto di un'entità da parte dell'elaboratore di XML. Questo identificatore può essere ad esempio utilizzato se l'applicazione è collegata a una libreria del documento disponibile pubblicamente. Se l'elaboratore non è in grado di generare una posizione appropriata per l'identificatore pubblico, è necessario che venga controllato l'URI specificato dall'identificatore di sistema. Ad esempio:

```
<!ENTITY MyImage PUBLIC
 "-//Wildflowers/TEXT Standard images//EN"
 "http://www.wildflowers.com/Image001.gif"
 NDATA GIF>
```

L'elaboratore di XML verifica l'identificatore pubblico all'interno di un elenco di risorse a cui è collegato e scoprire che non è necessaria una nuova copia dell'entità perché già disponibile localmente.

SINTASSI XML

Le regole strutturali del linguaggio XML si riflettono nelle regole linguistiche o *sintassi*.

APERTURA E CHIUSURA DEI TAG Nel codice HTML un elemento contiene in genere sia tag di apertura che di chiusura. A differenza dell'HTML, l'XML richiede che un tag di chiusura venga utilizzato per ogni elemento.

Si consideri ad esempio l'elemento HTML Paragraph che dovrebbe in genere includere un tag di apertura, il contenuto e un tag di chiusura come mostrato di seguito:

<P>Questo è un elemento HTML Paragraph.</P>

Non sempre viene utilizzato un tag di chiusura in questo contesto. Questo avviene perché l'HTML e il linguaggio di origine SGML consentono di omettere i tag di chiusura senza invalidare il codice.

Poiché un paragrafo in HTML non può essere annidato all'interno di un altro paragrafo, l'elaboratore è in grado di leggere il tag di apertura del paragrafo e di presumere che indichi anche la fine del paragrafo precedente. Queste tecniche di minimizzazione non sono consentite nel linguaggio XML. Questa caratteristica costituisce la differenza sintattica più evidente tra i due linguaggi.

IL TAG DI ELEMENTO VUOTO Il linguaggio XML supporta un collegamento per elementi vuoti, il *tag di elemento vuoto*. Questo tag unisce i tag di apertura e di chiusura per un elemento senza alcun contenuto. Viene utilizzato un formato speciale: <NOMETAG/>. In questo caso la barra segue il nome del tag, il che non è possibile nel linguaggio HTML.

ATTRIBUTI Gli *attributi* consentono di associare valori a un elemento senza che siano considerati parte del contenuto dell'elemento stesso. Ad esempio osserviamo un comune elemento HTML e l'utilizzo di un attributo:

<A HREF = "http://www.microsoft.com">Microsoft Home Page</A>

In questo caso l'elemento Anchor indicato dal tag <A> contiene un attributo denominato HREF. Il valore dell'attributo è http://www.microsoft.com. Mentre il valore non viene mai visualizzato dall'utente, l'attributo contiene importanti informazioni relative all'elemento e fornisce la destinazione dell'ancoraggio. Questo formato del nome e del valore mostra il modo in cui sono utilizzati gli attributi nel linguaggio XML.

Questo esempio aggiunge un attributo a uno degli elementi del documento:

```
<?xml version="1.0"?>
 <!DOCTYPE Wildflowers SYSTEM "Wldflr.dtd">
 <PLANT ZONE=3>
  <COMMON>Columbine</COMMON>
  <BOTANICAL>Aquilegia canadensis</BOTANICAL>
 </PLANT>
```

L'attributo ZONE del tag di apertura <PLANT> segue il formato del nome e del valore.

DOCUMENTI XML VALIDI E BEN FORMATTATI

Il linguaggio XML possiede due caratteristiche fondamentali, la capacità di fornire una struttura ai documenti e di rendere i dati autodescrittivi. Queste caratteristiche non sarebbero di alcuna utilità se non si potessero far rispettare le regole strutturali e grammaticali.

DOCUMENTI VALIDI

La definizione del tipo di documento DTD specificata nel prologo delinea tutte le regole relative a un documento. Un documento XML *valido* segue tutte queste regole rigidamente. Un documento valido è conforme anche a tutti i limiti di validità identificati dalle specifiche relative all'XML.

L'elaboratore dovrà comprendere i limiti di validità delle specifiche XML e verificare possibili violazioni all'interno del documento. Se l'elaboratore trova un errore, deve comunicarlo all'applicazione XML. Dovrà inoltre leggere la DTD, convalidare il documento e riportare qualsiasi violazione all'applicazione XML. Dato che questi controlli possono richiedere tempo e occupare larghezza di banda e poiché la convalida non sempre è necessaria, il linguaggio XML supporta la nozione di documento ben formato.

DOCUMENTI BEN FORMATTATI

Anche se *ben formato* significa che è necessario seguire alcune regole, non è richiesto la stessa rigidità dei limiti di validità. Il concetto di documento ben formato è relativamente nuovo in XML. Un documento XML ben formato è più facile da leggere per un programma ed è pronto per la distribuzione in rete. Più specificatamente, i documenti ben formati hanno queste caratteristiche:

- Tutti i tag di apertura e di chiusura corrispondono.
- I tag vuoti utilizzano una sintassi XML speciale.
- Tutti i valori degli attributi sono racchiusi tra virgolette.

- Tutte le entità sono dichiarate.

Quindi, un documento XML valido rispetta i tag e le norme di nidificazione impostate nel DTD del documento, mentre un documento XML ben formato viene strutturato in modo appropriato per l'utilizzo da parte di un computer.

DEFINIZIONE DEL TIPO DI DOCUMENTO - DTD

Un documento XML comprende, come sappiamo, il prologo che contiene la dichiarazione XML e la dichiarazione del tipo di documento, che identifica il tipo di documento specifico elaborato e le regole che controllano il documento completo. Queste regole sono denominate definizione del tipo di documento o DTD e costituiscono la parte più complessa della dichiarazione del tipo di documento.

STRUTTURA DELLA DTD

Una DTD può essere costituita da due parti: un *sottoinsieme DTD esterno* e un *sottoinsieme DTD interno*. Nel primo caso si tratta di una DTD che esiste all'esterno del contenuto del documento, nel secondo caso si tratta di una DTD inclusa all'interno del documento XML. Un documento può contenere una o entrambi i tipi di sottoinsiemi. In questo caso il sottoinsieme interno viene elaborato per primo e gli viene data la precedenza su qualsiasi sottoinsieme esterno. Questa funzionalità è utile agli autori che impiegano una DTD esterna, ma che desiderano personalizzare alcune parti della DTD per un'applicazione specifica.

Se si desidera includere un sottoinsieme DTD interno al documento, è sufficiente scriverlo nella dichiarazione del tipo di documento. Un sottoinsieme DTD esterno tuttavia deve essere incluso mediante un riferimento DTD, che indica al processore dove trovare il sottoinsieme esterno specificando il nome del file DTD. Il riferimento DTD contiene inoltre informazioni relative all'autore, all'obiettivo e al linguaggio utilizzato nella DTD. Ad esempio:

```
<!DOCTYPE catalog PUBLIC "-//flowers//DTD   Standard //EN"
 http://www.wildflowers.com/dtd/Wldflr.dtd
```

DICHIARAZIONE DI ELEMENTI

Ogni dichiarazione di elemento contiene il nome dell'elemento e il tipo di dati definito *specifiche di contenuto* costituite da uno tra i quattro tipi seguenti:

- Un elenco di altri elementi, denominato modello di contenuto
- La parola chiave EMPTY
- La parola chiave ANY
- Contenuto di vario tipo

ULTERIORI INFORMAZIONI SUL MODELLO DI CONTENUTO

La DTD dell'esempio precedente iniziava con una dichiarazione di elemento inclusa nel modello di contenuto, come illustrato nella parentesi che segue:

<!ELEMENT EMAIL (TO, FROM, CC, SUBJECT, BODY)>

L'elemento Email contiene solo sottoelementi o elementi secondari. Per ogni elemento del modello di contenuto deve essere visualizzata una dichiarazione di elemento corrispondente nella parte restante della DTD che segue.

DICHIARAZIONE DI ELEMENTO VUOTO

Per dichiarare che un elemento non può avere alcun contenuto, è possibile utilizzare la parola chiave EMPTY nella dichiarazione di elemento, come indicato di seguito:

<!ELEMENT TEST EMPTY>

Un elemento Test di un documento che includa la dichiarazione precedente non potrebbe mai avere alcun contenuto e sarebbe necessario che fosse indicato come elemento vuoto, ad esempio <TEST/>. Anche se gli elementi vuoti potrebbero sembrare inutili, possono contenere attributi in grado di fornire un contenuto significativo o di funzioni specifiche all'interno di un documento. Il tag <BR> in HTML è un esempio di tag di elemento vuoto.

DICHIARAZIONE DI TUTTI GLI ELEMENTI

La specifica di contenuto ANY è esattamente l'opposto della parola chiave precedente. Se una dichiarazione di elemento utilizza la parola chiave ANY per le specifiche di contenuto, quel tipo di elemento potrà avere qualsiasi tipo di contenuto in base alle disposizioni della DTD, disposto in un ordine qualsiasi. La dichiarazione di tutti gli elementi assume questo aspetto:

<!ELEMENT TEST ANY>

CONTENUTO DI VARIO TIPO

Le specifiche di contenuto possono anche essere costituite da un singolo insieme di alternative separate dal simbolo pipe (|). Ad esempio:

<!ELEMENT EXAMPLE (#PCDATA|x|y|z)*>

TIPI DI DATI

All'interno del contenuto dei documenti, il linguaggio XML consente di utilizzare dati di caratteri analizzabili dichiarati mediante la parola chiave #PCDATA e i dati di caratteri dichiarati mediante la parola chiave CDATA. I dati di caratteri analizzabili sono dati di caratteri di markup, contengono quindi tag di markup. I dati di caratteri sono costituiti da testo ordinario che può includere caratteri in genere riservati al markup. In base all'impostazione predefinita, gli elaboratori di XML presuppongono che il contenuto di un file XML sia costituito da dati di caratteri.

Mentre i dati di caratteri analizzabili sono in genere utilizzati nel contenuto di un documento XML, i dati di carattere possono essere utilizzati nel caso in cui un autore desideri includere dati che non possono essere analizzati. Per dichiarare una sezione come dati di carattere, è necessario indicare l'inizio della sezione con la sequenza <![CDATA[e la fine con due parentesi di chiusura]]. Tutti i dati che risiedono all'interno di questo insieme di marcatori verranno interpretati come semplici dati non analizzabili.

SIMBOLI RELATIVI ALLA STRUTTURA

Il linguaggio XML utilizza una serie di simboli per specificare la struttura di una dichiarazione di elementi. La tabella seguente identifica i simboli disponibili, lo scopo di ogni simbolo, un esempio di come vengono utilizzati e il loro significato.

Simbolo	**Scopo**	**Esempio**	**Significato**
Parentesi	Racchiudono una sequenza, un gruppo di elementi o una serie di alternative	*(content1, content2)*	L'elemento deve contenere la sequenza *content1* e *content2.*
Virgola	Separa gli elementi di una sequenza e identifica l'ordine in cui devono essere visualizzati	*(content1, content2, content3)*	L'elemento deve contenere *content1*, *content2* e *content3* nell'ordine specificato.
Pipe	Separa gli elementi in un gruppo di alternative	*(content1| content2| content3)*	L'elemento deve contenere *content1*, *content2* o *content3*.
Punto di domanda	Indica che un elemento deve essere visualizzato una sola volta o non apparire mai	*content1?*	L'elemento può contenere *content1*. Se *content1* viene visualizzato, deve apparire una sola volta.
Asterisco	Indica che l'elemento può essere visualizzato ogni volta	*content1**	L'elemento può contenere *content1*. Se viene visualizzato, può

	che l'autore desidera		apparire una o più volte.
Segno più	Indica che un elemento deve essere visualizzato una o più volte	*content1+*	L'elemento deve contenere *content1* una volta, ma può essere visualizzato anche più di una volta.
Nessun simbolo	Indica che deve essere visualizzato un elemento	*content1*	L'elemento deve contenere *content1*.

ATTRIBUTI

Oltre alla definizione della struttura di un elemento e al tipo di contenuto, è possibile associare attributi a un elemento. Gli attributi forniscono informazioni aggiuntive relative all'elemento o al contenuto dell'elemento.

DICHIARAZIONI DI ATTRIBUTO

Nel linguaggio XML gli attributi vengono dichiarati nella DTD utilizzando la sintassi seguente:

<!ATTLIST ElementName AttributeName Type Default>

In questo caso <!ATTLIST> rappresenta il tag che identifica una dichiarazione di attributo. La voce *ElementName* rappresenta il nome dell'elemento a cui vengono applicati gli attributi, La voce *AttributeName* rappresenta il nome dell'attributo. La voce *Type* identifica il tipo di attributo dichiarato. La voce *Default* specifica le impostazioni predefinite relative all'attributo.

Ecco elencati i tipi di attributi disponibili per il linguaggio XML:

Tipo di attributo	**Utilizzo**
CDATA	In questo attributo possono essere utilizzati solo dati in formato carattere.
ENTITY	Il valore dell'attributo deve fare riferimento a un'entità binaria esterna dichiarata nella DTD.
ENTITIES	E' equivalente all'attributo ENTITY, ma consente l'utilizzo di più valori separati da spazi.
ID	Il valore dell'attributo deve essere un identificatore univoco. Se un documento contiene attributi ID con lo stesso valore,

	l'elaboratore produrrà un errore.
IDREF	Il valore deve essere un riferimento a un ID dichiarato in un altro punto del documento. Se l'attributo non corrisponde al valore dell'ID specificato, l'elaboratore produrrà un errore.
IDREFS	E' equivalente all'attributo IDREF, ma consente l'utilizzo di più valori separati da spazi.
NMTOKEN	Il valore dell'attributo consiste in una qualsiasi combinazione di caratteri del token del nome, rappresentati da lettere, numeri, punti trattini, due punti o caratteri di sottolineatura.
NMTOKENS	E' equivalente all'attributo NMTOKEN, ma consente l'utilizzo di più valori separati da spazi.
NOTATION	Il valore dell'attributo deve fare un riferimento a un'annotazione dichiarata in un altro punto della DTD. La dichiarazione può anche essere costituita da un elenco di annotazioni. Il valore deve corrispondere a una delle annotazioni dell'elenco. Ogni annotazione deve avere la relativa dichiarazione nella DTD.
Enumerated	Il valore dell'attributo deve corrispondere a uno dei valori inclusi. Ad esempio: <!ATTLIST *MyAttribute* (*content1*|*content2*)>.

La parte finale della dichiarazione di attributo è l'impostazione predefinita per il valore dell'attributo. Le impostazioni predefinite per i quattro tipi sono:

Impostazione predefinita	**Utilizzo**
#REQUIRED	Ogni elemento contenente questo attributo deve specificarne un valore. Un valore mancante può causare un errore.
#IMPLIED	Questo attributo è opzionale. L'elaboratore può ignorare questo attributo se non viene rilevato alcun valore.
#FIXED *fixedvalue*	Questo attributo deve avere il valore *fixedvalue*. Se l'attributo non è incluso nell'elemento, viene stabilito il valore *fixedvalue*.

Default	Identifica un valore predefinito per un attributo. Se l'elemento non include l'attributo, viene stabilito il valore *default*.

Nel documento d'esempio mostriamo l'utilizzo degli attributi aggiungendo alcune dichiarazioni di attributo alla DTD:

```
<?xml version="1.0"?>
<!DOCTYPE EMAIL [
 <!ELEMENT EMAIL (TO+, FROM, CC*, BCC*, SUBJECT?, BODY?)>
 <!ATTLIST EMAIL
  LANGUAGE(Western|Greek|Latin|Universal) " Western"
  ENCRYPTED CDATA #IMPLIED
  PRIORITY (NORMAL|LOW|HIGH) "NORMAL">
 <!ELEMENT TO (#PCDATA)>
 <!ELEMENT FROM (#PCDATA)>
 <!ELEMENT CC (#PCDATA)>
 <!ELEMENT BCC (#PCDATA)>
 <!ATTLIST BCC
  HIDDEN CDATA #FIXED "TRUE">
 <!ELEMENT SUBJECT (#PCDATA)>
 <!ELEMENT BODY (#PCDATA)>
]>
```

In questo esempio sono stati aggiunti attributi all'elemento Email e al nuovo elemento Bcc. Il primo attributo aggiunto all'elemento Email è *LANGUAGE*. Questo attributo può contenere una tra le numerose opzioni. L'attributo conterrà il valore predefinito *Western* se non verrà specificato un altro valore. L'attributo successivo dell'elemento Email è *ENCRYPTED*. Questo elemento deve contenere i dati di carattere e poiché l'impostazione predefinita è *#IMPLIED*, l'elaboratore ignorerà questo attributo se non verrà specificato alcun valore. L'ultimo attributo dell'elemento Email è *PRIORITY*. Questo attributo può assumere uno dei tre valori *NORMAL*, *LOW* e *HIGH*. Il valore predefinito è *NORMAL*.

L'attributo *HIDDEN* è stato incluso nell'elemento Bcc. Questo attributo è di tipo *CDATA* e il valore predefinito di *#FIXED* viene specificato dopo la parola chiave *#FIXED*. Questo attributo deve sempre specificare il valore nella DTD, in questo caso *TRUE*.

ENTITA'

Oltre all'entità generale viste nel capitolo precedente esiste un altro tipo di entità definita *entità di parametro*.

La maggior parte delle entità deve essere dichiarata nella DTD. Alcune entità predefinite sono incorporate nel codice XML e sono utilizzate per visualizzare i caratteri generalmente impiegati per il markup. Le dichiarazioni di entità seguono la stessa sintassi di base utilizzata dalle altre dichiarazioni:

<!ENTITY EntityName EntityDefinition>

Le entità della DTD possono essere analizzabili o non analizzabili. Le entità del primo tipo o entità di testo contengono testo che farà parte del documento XML. Le entità del secondo tipo o entità binarie sono in genere riferimenti a un file binario esterno. Le entità non analizzabili possono anche essere costituite da testo non analizzabile ed è quindi preferibile pensare a queste entità come elementi che non sono stati creati per essere considerati parte del codice XML.

ENTITA' INTERNE

Le entità interne vengono dichiarate nella DTD e includono il contenuto che verrà utilizzato nel documento. Ad esempio, questa riga di codice aggiunge un'entità interna definita *SIGNATURE*:

<!ENTITY SIGNATURE "Bill">

Ogni volta che viene fatto riferimento all'entità nel documento, *&SIGNATURE*, quest'ultima verrà sostituita dal relativo contenuto, in questo caso *Bill*.

ENTITA' ESTERNE: PAROLE CHIAVE SYSTEM E PUBLIC

Le entità esterne fanno riferimento a file esterni, anche ad altri file XML. Ad esempio, questa entità fa riferimento a un file GIF esterno e verrà visualizzata nel corpo del documento XML:

<!ENTITY IMAGE1 SYSTEM "Xmlquot.gif" NDATA GIF>

Una dichiarazione di entità esterna può includere la parola chiave *SYSTEM* o *PUBLIC*. Molte DTD sono sviluppate localmente, vengono cioè sviluppate per un'azienda o organizzazione specifica o per un sito Web particolare. In questo caso andrebbe utilizzata la parola chiave *SYSTEM*. Questa parola chiave è seguita da un URI (Uniform Resource Identifier) che indica all'elaboratore dove reperire l'oggetto indicato nella dichiarazione. Nell'esempio precedente, il nome di file era utilizzato perché il codice aveva impiego locale. Nella dichiarazione che segue, l'URI è un indirizzo Web che collega alla posizione dei file di riferimento:

<!ENTITY IMAGE1 SYSTEM http://XMLCo.com/Images/Xmlquot.gif NDATA GIF>

Alcune DTD sono standard stabiliti disponibili per un'ampia gamma di utenti. Sarebbe necessario utilizzare la parola chiave *PUBLIC*, seguita dall'identificatore pubblico che l'elaboratore può impiegare se è disponibile una libreria standard. Dopo l'identificatore pubblico è inserito un URI, simile a quello utilizzato con la parola chiave *SYSTEM*. Un esempio potrebbe essere questo:

<!ENTITY IMAGE1 PUBLIC "-//XMLCo//TEXT Standard Images//EN"
"http://XMLCo.com/Images/Xmlquot.gif" NDATA GIF>

ENTITA' ESTERNE: ANNOTAZIONI E DICHIARAZIONI DI ANNOTAZIONI

Consideriamo la dichiarazione di entità:

<!ENTITY IMAGE1 SYSTEM "Xmlquot.gif" NDATA GIF>

Un'*annotazione* NDATA GIF viene visualizzata nella parte finale della dichiarazione. Questa annotazione indica all'elaboratore il tipo di oggetto a cui viene fatto riferimento. A questo punto se viene semplicemente aggiunta la dichiarazione di entità alla DTD e viene eseguita attraverso l'elaboratore, verrà visualizzato un messaggio di errore simile al seguente:

Declaration 'IMAGE1' contains reference to undefined notation 'GIF'.

(La dichiarazione 'IMAGE1' contiene un riferimento a un'annotazione 'GIF' non identificata.)

L'errore si verifica perché la dichiarazione di entità fa riferimento a un tipo di file binario e all'elaboratore non è stato indicato come operare con questo file. Si tratta di un'entità non analizzabile che l'elaboratore non è in grado di comprendere. In questo caso l'annotazione deve essere dichiarata come *dichiarazione di annotazione*. Una dichiarazione di annotazione indica all'elaboratore come operare con un tipo di file binario specifico. Le dichiarazioni di annotazione hanno il seguente formato:

<!NOTATION GIF SYSTEM "Iexplore.exe">

Questa dichiarazione indica all'elaboratore di utilizzare il programma Iexplore.exe per elaborare il file GIF ogni volta che nella DTD ne viene rilevato uno.

ENTITA' DI PARAMETRO

Anche se le entità di parametro funzionano in modo simile alle entità generali, possiedono un'importante differenza sintattica. Le entità di parametro utilizzano il simbolo di percentuale (%) nelle dichiarazioni e nei riferimenti. Nella dichiarazione di entità il simbolo di percentuale segue la parola chiave *!ENTITY*, ma precede il nome dell'entità come illustrato di seguito. Si noti che è richiesto uno spazio singolo prima e dopo il simbolo &:

```
<!ENTITY % ENCRYPTION
 "40bit CDATA #IMPLIED
 128bit CDATA #IMPLIED">
```

E' ora possibile fare riferimento a questa entità in un altro punto della DTD. Ad esempio:

```
<!ELEMENT EMAIL (TO+, FROM, CC*, BCC*, SUBJECT?, BODY?)>
<!ATTLIST EMAIL
 LANGUAGE(Western|Greek|Latin|Universal) "Western"
 ENCRYPTED %ENCRYPTION;
 PRIORITY (NORMAL|LOW|HIGH) "NORMAL">
```

Il riferimento all'entità di parametro &ENCRYPTION; utilizza lo stesso formato di base del riferimento di entità generale, a eccezione del simbolo % che sostituisce il simbolo &.

Le entità di parametro possono rivelarsi un metodo utile per creare uno stile personale all'interno delle DTD e rendere queste ultime più concise e meglio organizzate. Tuttavia queste entità dovrebbero essere utilizzate con cautela, dato che possono creare situazioni complesse all'interno di un documento in grado di rendere difficoltosa la gestione.

LE PAROLE CHIAVE IGNORE E INCLUDE

Le parole chiave *IGNORE* e *INCLUDE* possono essere utilizzate dagli autori per "attivare" o "disattivare" porzioni della DTD. *IGNORE* e *INCLUDE* sono utilizzate nella DTD per creare all'interno del documento condizioni adatte a vari scopi. L'utilizzo di *IGNORE* e *INCLUDE* consente ad esempio di verificare diverse strutture durante il controllo delle variazioni. *IGNORE* e *INCLUDE* sono utilizzati in modo simile a *CDATA*:

```
<![IGNORE [DTD section]]>
<![INCLUDE [DTD section]]>
```

Nessuna parola chiave può apparire all'interno di una dichiarazione e ogni *sezione della DTD* deve includere una dichiarazione completa o una serie di dichiarazioni, commenti e spazi vuoti. Vediamo un esempio dell'utilizzo delle parole chiave:

```
<![IGNORE[<!ELEMENT BCC (#PCDATA)>
<!ATTLIST BCC
 HIDDEN CDATA #FIXED "TRUE">]]>
<![INCLUDE[<!ELEMENT SUBJECT (#PCDATA)>]]>
```

Questo frammento di codice indica all'elaboratore di ignorare l'elemento Bcc e l'elenco di attributi e includere l'elemento Subject.

LE ISTRUZIONI DI ELABORAZIONE

Le *istruzioni di elaborazione* (PI, Processing Instructions) forniscono indicazioni all'applicazione che elabora il documento. Queste istruzioni vengono in genere visualizzate nel prologo, ma possono essere posizionate in un punto qualsiasi del documento XML. L'istruzione di elaborazione più comune è la dichiarazione XML inclusa nella parte superiore del documento di esempio:

<?xml version=1.0"?>

Le istruzioni di elaborazione sono scritte con la sequenza *<?*, seguita dal nome dell'istruzione, da un valore o da un'istruzione e sono chiuse con *?>*. Il nome o la *destinazione di PI* identifica quale applicazione dovrebbe seguire le istruzioni. Esempi di istruzioni di elaborazione sono:

<?AVI CODEC="VIDEO1" COLORS="256"?>

<?WAV COMPRESSOR="ADPCM" BITS="8" RESOLUTION="16"?>

COMMENTI

I commenti rappresentano una delle parti generiche della DTD. Anche se i commenti non sono necessari, vengono ampiamente utilizzati per migliorare la leggibilità di un documento. E' possibile aggiungere commenti per spiegare lo scopo di una determinata sezione della DTD, per indicare il significato dei riferimenti e per altri obiettivi. I commenti si rivelano utili come promemoria durante le fasi della codifica, se si verifica la necessità di tornare alla DTD ed effettuare le modifiche oppure se un altro autore utilizza il documento. I commenti non sono vincolati alla DTD e possono essere utilizzati in tutto il documento. Dato che i commenti sono a vantaggio esclusivo del lettore, qualsiasi elaboratore di XML ne ignorerà la presenza. I commenti vengono visualizzati tra tag di commento *(<!-- -->)* e possono includere qualsiasi combinazione di testo, markup e simboli a eccezione di combinazioni di simboli che costituiscono i tag di commento.

DTD ESTERNE

E' possibile separare documenti e DTD per semplificarne l'utilizzo. Dopo aver creato una DTD separata, è possibile farvi riferimento all'interno di qualsiasi documento.

Per separare una parte della DTD nel documento XML basta tagliare semplicemente la porzione di DTD e incollarla nel nuovo file di testo. Il nuovo nome di file dovrebbe avere estensione *.dtd*.

La separazione della DTD dal documento riduce notevolmente la dimensione del file del documento XML e fornisce altri vantaggi. Dato che ora la DTD è un file separato, può essere utilizzata in altri documenti da chiunque vi abbia accesso. Un altro autore può creare un documento utilizzando la stessa struttura con un contenuto completamente diverso. Poiché il nuovo documento seguirebbe la DTD, potrebbe essere letto da qualsiasi applicazione in grado di elaborare la DTD.

VOCABOLARI

Un *vocabolario XML* è un insieme di elementi e della struttura di un tipo di documento specifico. I vocabolari sono definiti in una DTD che rappresenta il regolamento per quel vocabolario. I vocabolari sono utilizzati correntemente su Internet e in alcune organizzazioni e aziende. Uno dei vocabolari principali e maggiormente noti è il Channel Definition Format (CDF) impiegato per definire le pagine Web progettate per essere inviate automaticamente agli utenti client.

I vocabolari sono adatti per le applicazioni verticali e per lo sviluppo di sistemi di interscambio di dati per aziende specifiche, ad esempio telecomunicazioni, prodotti farmaceutici e istituzioni legali.

CHANNEL DEFINITION FORMAT

Channel Definition Format (CDF) viene utilizzato per descrivere il comportamento delle pagine Web in un modello di invio automatico. CDF viene utilizzato da Microsoft Internet Explorer e descrive i processi quali pianificazioni di download, visualizzazione della barra dei canali, utilizzo delle pagine e frequenza degli aggiornamenti.

OPEN FINANCIAL EXCHANGE

Open Financial Exchange (OFX) è correntemente un'applicazione SGML utilizzata da pacchetti software per comunicare con le istituzioni finanziarie. OFX sarà presto basato sul linguaggio XML.

OPEN SOFTWARE DESCRIPTION

Open Software Description (OSD) è un formato di dati utilizzato per consentire l'aggiornamento e l'installazione di software tramite Internet. Questo formato è particolarmente utile per notificare agli utenti la disponibilità di nuove versioni di software e per fornire un meccanismo per ottenere i programmi da Internet.

ELECTRONIC DATA INTERCHANGE

Electronic Data Interchange (EDI) viene utilizzato correntemente in tutto il mondo per lo scambio di dati e per il supporto delle transazioni. Nell'implementazione corrente tuttavia può essere utilizzato solo da organizzazioni che hanno impostato lo scambio di informazioni mediante sistemi compatibili. Il linguaggio XML può ampliare la portata di EDI e renderlo più accessibile a un maggior numero di organizzazioni.

SPAZIO DEI NOMI XML (XML NAMESPACE)

Come sappiamo XML è un linguaggio per definire linguaggi, cioè insiemi di marcatori personalizzati e le loro sintassi di utilizzo. Questa operazione avviene attraverso i DTD che definiscono gli insiemi di marcatori che saranno utilizzati nei documenti e le loro regole di nidificazione. I marcatori XML che saranno definiti nei DTD adottati sui siti Web possono anche non essere inventati dai Webmaster, ma possono appartenere a repertori standard per i vari domini applicativi (i cosiddetti XML *namespace*), garantendo l'uniformità sintattica delle pagine Web necessaria al funzionamento degli agenti.

I Namespace permettono la creazione e l'uso di marcatori ambigui, ovvero con lo stesso nome, ma in riferimento a significati e ambienti diversi utilizzando costrutti con nomi non equivoci. Pensiamo per esempio a documenti di una rivista in cui la parola "titolo" a secondo del contesto può referenziare il titolo di una rivista, ma anche il ruolo di un giornalista all'interno della struttura aziendale.

I dati, ovvero il contenuto di un documento XML, vengono recuperati analizzando i singoli nodi all'interno del documento, meccanismo consentito dal fatto che la struttura gerarchica dei documenti XML e le regole di validità e di ben formato che gestiscono la creazione dei documenti XML garantiscono che ogni nodo presente in un documento è unico. Questo garantisce a sua volta che esista un solo riferimento per ciascun nodo. L'utilizzo di documenti XML in un ambiente di collaborazione potrebbe tuttavia dare luogo a potenziali problemi. Ad esempio, due o più documenti potrebbero contenere elementi con gli stessi nomi, ma con semantica differente. I documenti possono essere strutturati nello stesso modo. Qualora fosse necessario utilizzare entrambi i documenti in un unico ambiente, la sovrapposizione di elementi sarebbe causa di confusione. Consideriamo ad esempio:

```
<AUTOMOBILE>
 <ID>232-HDF</ID>
</AUTOMOBILE>
<DOG>
 <ID>Rover</ID>
</DOG>
```

Gli elementi Automobile e Dog contengono un elemento Id ciascuno, ma tale Id assume significato differente nei due casi. Se questi elementi provenienti da fonti diverse sono stati combinati in un solo documento, gli elementi Id perdono il significato originale.

Questo problema, tutt'altro che trascurabile, potrebbe aggravarsi parallelemente alla diffusione dell'utilizzo del linguaggio XML sul Web e nelle organizzazioni. La soluzione è offerta dagli spazi dei nomi, che consentono di creare nomi univoci indipendentemente dalla posizione in cui gli elementi vengono utilizzati, garantendo l'uniformità sintattica delle pagine Web.

CREAZIONE DI NOMI UNIVOCI TRAMITE GLI SPAZI DEI NOMI XML

La definizione *spazio dei nomi* è utilizzata dal programmatore tradizionale per indicare un gruppo di nomi in cui non esistono duplicati. Poiché la natura del linguaggio XML consente di definire set di tag personalizzati, che potrebbero dar luogo a nomi duplicati nei documenti XML, nel linguaggio XML gli spazi dei nomi offrono caratteristiche aggiuntive. Costituiscono infatti una metodologia per la creazione di nomi universalmente univoci in un documento XML identificando i nomi degli elementi con una risorsa esterna univoca. Nel linguaggio XML uno *spazio dei nomi* è pertanto una raccolta di nomi identificata da un URI e può essere qualificato o non qualificato.

NOMI QUALIFICATI

Nell'XML un nome qualificato si compone in due parti*: il nome dello spazio dei nomi* e la *parte locale*. Il nome dello spazio dei nomi, ovvero un URI, definisce lo spazio dei nomi, mentre la parte locale corrisponde al nome dell'elemento o dell'attributo del documento locale. Poiché l'URI è sempre univoco, il nome dello spazio dei nomi crea insieme alla parte locale un nome di elemento universalmente univoco. Per poter utilizzare uno spazio dei nomi in documento XML, è necessario includere una *dichiarazione dello spazio dei nomi* nel prologo del documento. E' inoltre possibile includere nella dichiarazione un *prefisso dello spazio dei nomi*. Utilizzando i due punti (:), il prefisso può essere aggiunto alla parte locale in modo da associarla al nome dello spazio dei nomi. Nel documento riportato nell'esempio che segue, i due spazi dei nomi vengono dichiarati con prefissi, quindi utilizzati nel documento.

```
<?xml version="1.0"?>
<?xml:namespace ns=http://inventory/schema/ns prefix="inv"?>
<?xml:namespace ns=http://wildflowers/schema/ns prefix="wf"?>
<PRODUCT>
 <PNAME>Test1</PNAME>
 <inv:quantity>1</inv:quantity>
 <wf:price>323</wf:price>
</PRODUCT>
```

In questo esempio di codice, i prefissi vengono utilizzati per identificare elementi appartenenti allo spazio dei nomi selezionato. Si otterranno in questo modo nomi univoci, ma anche la conservazione del valore semantico dei nomi. Gli elementi inv:quantity e wf:price contengono nomi completamente qualificati che risulteranno univoci indipendentemente dalla posizione in cui sono stati utilizzati. Il prefisso è parte del nome dell'elemento e deve essere sempre incluso in modo tale da indicare che l'elemento appartiene allo spazio dei nomi.

NOMI NON QUALIFICATI

Un nome non qualificato non dispone di nome associato al nome dello spazio dei nomi. I nomi di elementi XML tipici non sono qualificati poiché non specificano uno spazio dei nomi.

AREA DI VALIDITA' DELLO SPAZIO DEI NOMI

Il prologo non è l'unica opzione disponibile per la posizione della dichiarazione dello spazio dei nomi. E' infatti possibile includere tale dichiarazione direttamente all'interno di un elemento appartenente allo spazio dei nomi. A questo scopo, è sufficiente includere la dichiarazione la prima volta che si utilizza l'elemento, come mostrato nell'esempio che segue:

```
<PRODUCT>
 <PNAME>Test1</PNAME>
 <inv:quantity>1</inv:quantity>
 <wf:price xmlns:wf="urn:shemas-wildflowers-com:xml-prices">
  323
 </wf:price>
 <DATE>6/1</DATE>
</PRODUCT>
```

Lo spazio dei nomi risulta quindi disponibile nel contesto dell'elemento specifico, ovvero tale elemento e tutti i relativi elementi secondari possono utilizzare lo spazio dei nomi. Se dichiarato nell'elemento del documneto, lo spazio dei nomi può essere utilizzato nell'intero documento.

SPAZIO DEI NOMI PREDEFININTI

E' possibile impostare come predefinito uno spazio dei nomi dichiarandolo senza l'assegnazione di un prefisso. In questo caso, lo spazio dei nomi viene considerato all'interno del contesto dell'elemento in cui è stato dichiarato, come mostrato nel seguente esempio di codice:

```
<CATALOG>
 <INDEX>
  <ITEM>Trees</ITEM>
  <ITEM>Wildflowers</ITEM>
  §
 </INDEX>
 <PRODUCT xmlns:wf="urn:shemas-wildflowers-com>
  <NAME>Bloodroot</NAME>
  <QUANTITY>10</QUNTITY>
  <PRICE>$2.44</PRICE>
 </PRODUCT>
</CATALOG>
```

L'elemento Product contiene la dichiarazione di uno spazio dei nomi senza prefisso associato. In quanto tale, lo spazio dei nomi viene utilizzato per l'elemento Product e tutti i relativi elementi secondari, ma per nessun altro elemento oltre Product.

DICHIARAZIONE DELLO SPAZIO DEI NOMI COME URL O URN

In quanto univoci, gli URL possono essere utilizzati per rendere univoci i nomi degli spazi dei nomi. Se uno spazio dei nomi è mappato a un URL, tale spazio dei nomi risulterà univoco nell'intero contesto in cui viene utilizzato.

Un'altra situazione tipica è rappresentata dall'esistenza di uno schema dello spazio dei nomi che identifica tutti i nomi contenuti nello spazio dei nomi e il modo in cui sono strutturati. Il nome dello spazio dei nomi XML non fornisce alcun meccanismo per il recupero di tale schema, meccanismo che tuttavia può essere reso disponibile utilizzzando gli URN (Uniform Resource Names).

Un URN consente di individuare e recuperare un file di schema che definisce un determinato spazio dei nomi. Sebbene funzionalità simili possano essere fornite da un comune URL, a questo scopo l'URN è più efficiente e facile da gestire poiché può essere riferito a più URL.

Il codice seguente mostra l'utilizzo di un URN nel contesto di uno spazio dei nomi XML:

```
<CATALOG>
 <INDEX>
  <ITEM>Trees</ITEM>
  <ITEM>Wildflowers</ITEM>
  §
```

```
</INDEX>
<wf:product xmlns:wf="urn:shemas-wildflowers-com>
 <wf:name>Bloodroot>/wf:name>
 <QUANTITY>10</QUNTITY>
 <PRICE>$2.44</PRICE>
</wf:product>
</CATALOG>
```

Lo schema relativo allo spazio dei nomi è disponibile nella posizione identificata dall'URN e l'applicazione di elaborazione è in grado di recuperare tale schema. Lo schema contiene informazioni dettagliate relative agli elementi dello spazio dei nomi utilizzabili nel documento.

SPAZIO DEI NOMI DEGLI ATTRIBUTI

Gli spazi dei nomi sono applicabili così come agli elementi, anche agli attributi. Ad esempio:

```
<wf:product TYPE="plant" class:kingdom="plantae"
 xmlns:wf="urn:wildflowers:schemas:product"
 xmlns:class="urn:bio:botany:classification">
 <PNAME>Test1</PNAME>
 <QUANTITY>1</QUNTITY>
 <PRICE>323</PRICE>
 <DATE>6/1</DATE>
</wf:product>
```

In questo esempio sia all'elemento wf:product che all'attributo *class:kingdom* sono associate dichiarazioni degli spazi dei nomi. Lo spazio dei nomi degli attributi viene utilizzato in modo simile allo spazio dei nomi degli elementi.

L'importanza degli spazi dei nomi aumenta parallelemente allo sviluppo di nuovi vocabolari e di nuove tecnologie basate sul linguaggio XML. Sono comunque già tecnologie che utilizzano gli spazi dei nomi, tra cui XML-Data, i tipi di dati XML e il linguaggio SMIL (Syncronized Multimedia Integration Language).

AMPLIARE I DOCUMENTI XML

Abbiamo visto come, seguendo la specifica del linguaggio XML, sia possibile creare dei DTD personali e dei documenti XML. Il fatto che sia possibile creare dei DTD personali, rende l'XML un metalinguaggio, cioè un linguaggio di livello superiore con cui è possibile creare altri linguaggi. Il gruppo di lavoro del W3C, fornita la prima versione stabile della specifica XML, ha orientato gran parte dei suoi sforzi proprio nello sviluppo di linguaggi di markup basati sull'XML, orientati ad argomenti che fanno contorno all'ambiente in cui l'XML si trova ad operare. Anche in questo caso lo scopo del gruppo di lavoro è quello di creare degli standard per argomenti fondamentali quali i collegamenti ipertestuali, la rappresentazione di strutture dati relazionali o ad oggetti e i fogli di stile.

XSL: L'XML CON I FOGLI DI STILE

L'XML ha sempre riguardato i dati. L'XML commenta semanticamente un documento, fornendo la struttura e il contesto per i dati che contiene. Non è tuttavia indicato quale dovrebbe essere l'aspetto dei dati visualizzati. L'utilizzo diretto del linguaggio HTML è certamente un modo efficace per formattare i documenti XML, ma esiste un'alternativa: XSL (Extensible Stylesheet Language), ossia un linguaggio creato esclusivamente per l'utilizzo con i documenti XML. L'XSL è un'applicazione di XML, quindi la sua struttura e la sua sintassi sono identiche a quelle dell'XML.

NOZIONI FONDAMENTALI SUL LINGUAGGIO XSL

L'XSL si basa su un *meccanismo di fogli di stile*. I fogli di stile vengono generalmente usati per applicare in modo coerente stili o formattazione ai documenti. Il tipo di foglio di stile più utilizzato sul Web è basato sulla specifica dei fogli di stile CSS (Cascading Style Sheets). Questi permettono agli utenti di definire le classi di stile che possono essere applicate al documento HTML.

L'XSL offre lo stesso livello di formattazione e di flessibilità dei fogli di stile CSS e molte altre caratteristiche, ma utilizza metodi diversi. L'XSL si basa su modelli, che sono sotto alcuni aspetti analoghi alle regole dei fogli di stile e che offrono il meccanismo per l'applicazione di informazioni di formattazione ai dati che rispondono a un particolare pattern.

COMPONENTI DEL LINGUAGGIO XSL

Il linguaggio XSL è composto da due componenti: un linguaggio di trasformazione XSL e una specifica (vocabolario) di formattazione di un oggetto. Questi due elementi sono distinti, ma è possibile utilizzarli insieme per ottenere funzionalità di formattazione sofisticate per la visualizzazione del documento. Il linguaggio di trasformazione XSL e la specifica di formattazione dell'oggetto vengono implementati come spazi dei nomi.

LINGUAGGIO DI TRASFORMAZIONE XSL

Il linguaggio di trasformazione XSL (spazio del nome *xsl*) dimostra come un elaboratore può trasformare la struttura di un documento XML in un'altra struttura. Il processo di trasformazione converte quindi la struttura di un documento in un'altra struttura di documento. L'utilizzo di questo linguaggio è quindi convertire un documento XML da una struttura semantica a una struttura di visualizzazione, quale la conversione di un documento XML in documento HTML. In realtà, questa non è l'unica possibilità, dal momento che il processo di trasformazione è totalmente indipendente dal risultato finale. Questo consente una grande flessibilità per il futuro, dal momento che l'XSL, potrebbe trasformare documenti in nuove strutture.

SPECIFICA DI FORMATTAZIONE DELL'OGGETTO

La specifica di formattazione dell'oggetto (spazio del nome *fo*) fornisce una nuova semantica di formattazione sviluppata come vocabolario XML. Un motore di visualizzazione può quindi elaborare direttamente le informazioni di formattazione contenute nello spazio del nome *fo* (a differenza delle informazioni dello spazio del nome *xsl*) oppure un elaboratore può trasformare le informazioni in altre strutture di formattazione, ad esempio in codice HTML. La differenza tra questo metodo e il metodo dello spazio del nome *xsl* consiste nel fatto che il metodo *dello spazio del nome fo* è connesso in modo specifico alla formattazione della semantica, consentendo così di sviluppare i vocabolari per applicazioni specifiche, quali le applicazioni multimediali. La funzionalità dello spazio del nome *xsl* è finalizzata alla trasformazione del modello di oggetti Document ed è indipendente dalla semantica di formattazione.

I FOGLI DI STILE XSL

L'XSL include la funzionalità di trasformazione del documento di origine XML in un'altra struttura. E' possibile fare questo mediante l'uso di fogli di stile. I fogli di stile XSL indicano la procedura in base alla quale deve essere creata la struttura.

UTILIZZO DEI MODELLI

Un foglio di stile comprende uno o più *modelli* che a loro volta contengono dei *pattern*. I modelli forniscono la struttura dei documenti generati dal codice. Gli elementi generati possono essere di qualsiasi tipo, poiché non è necessario che i modelli XSL contengano riferimenti ai dati XML.

La reale potenzialità dei fogli di stile consiste nel generare dati XML in nuovi documenti. I modelli XSL fanno riferimento ai dati XML mediante i pattern.

PATTERN

Il linguaggio XSL utilizza i pattern per specificare gli elementi XML a cui viene applicato il modello XSL. Questo metodo di corrispondenza dei pattern rende XSL un linguaggio di dichiarazioni in contrapposizione con i linguaggi basati sulle procedure. Questo significa che i pattern definiscono il "livello" specifico della struttura del documento da far corrispondere identificandone la gerarchia della struttura. Per avere un'idea della struttura di un modello, sarà sufficiente prendere in esame un semplice foglio di stile. Sarà quindi necessario creare un documento XML a cui applicare il foglio di stile:

```
<CATALOG>
 <PLANT>
  <COMMON>Bloodroot</COMMON>
  <BOTANICAL>Sanguinaria canadensis</BOTANICAL>
  <ZONE>4</ZONE>
  <LIGHT>Mostly Shady</LIGHT>
  <PRICE>$7.05</PRICE>

  <AVAILABILITY USONLY="true">02/01/99</AVAILABILITY>

 </PLANT>
</CATALOG>
```

Quindi procedere con la creazione di un foglio di stile XSL per un unico modello dell'elemento Common:

```
<?xml version="1.0"?>
<xsl:template xmlns:xsl="uri:xsl">
 <HTML>
  <BODY>
   <xsl:repeat for="CATALOG/PLANT">
    <DIV>
     <SPAN STYLE="font-weight:bold; font-size:20">
      <xsl:get-value for="COMMON"/>
     </SPAN>
    </DIV>
   </xsl:repeat>
  </BODY>
 </HTML>
</xsl:template>
```

Quando il documento XML viene elaborato con il foglio di stile XSL, l'elaboratore genera il seguente codice HTML:

```
<HTML>
<BODY>
<DIV>
<SPAN STYLE="font-weight:bold; font-size:20">
 Bloodroot
</SPAN>
</DIV>
</BODY>
</HTML>
```

ANALISI DEL MODELLO

Ogni modello comprende uno o più pattern. L'esempio che segue riporta la sezione che contiene due pattern:

```
<xsl:repeat for="CATALOG/PLANT">
 <DIV>
  <SPAN STYLE="font-weight:bold; font-size:20">
   <xsl:get-value for="COMMON"/>
  </SPAN>
 </DIV>
</xsl:repeat>
```

Il primo pattern specifica qualsiasi elemento Plant secondario all'elemento Catalog. Il secondo pattern per questa regola specifica l'elemento Common. In base alla regola, qualsiasi dato trovato nell'elemento del pattern verrà inserito nell'elemento Span a cui viene quindi applicato lo stile *"font-weight:bold; font-size:20"*. Questo modello espresso in modo discorsivo, sarebbe formulato nel seguente modo: "Ripetere quanto segue per ogni elemento Plant secondario dell'elemento Catalog: prendere il valore dell'elemento Common e inserirlo nell'elemento Span applicando il grassetto e una dimensione di carattere pari a 20".

Il modello viene applicato a ogni elemento che risponda al pattern o ai criteri definiti in esso.

Questa è una delle potenzialità del linguaggio XSL. Utilizzando le funzionalità di pattern matching, o corrispondenza dei pattern, del linguaggio XSL, è possibile riorganizzare in modo efficiente i dati XML, per soddisfare esigenze precise. Se non si desidera includere uno o più elementi nel risultato finale, sarà sufficiente escludere il pattern relativo a tali elementi. Se invece si desidera includere un unico elemento in una sezione specifica del documento, è possibile creare un pattern dettagliato per convertirlo per la visualizzazione.

STRUTTURA A MODELLO SINGOLO

Il modello inizia con il tag <xsl:template xmlns:xsl="uri:xsl"> e termina con il tag </xsl:template>. Questi due tag, o *contenitori*, facilitano l'applicazione di diverse sezioni del foglio di stile quando vengono utilizzati più modelli. Dal momento che questo foglio di stile contiene un solo modello, è possibile utilizzare anche il contenitore <xsl:document> </xsl:document>. Ad esempio il foglio di stile seguente equivale a quello precedente:

```
<?xml version="1.0"?>
<xsl:document xmlns:xsl="uri:xsl">
 <HTML>
  <BODY>
   <xsl:repeat for="CATALOG/PLANT">
    <DIV>
     <SPAN STYLE="font-weight:bold; font-size:20">
      <xsl:get-value for="COMMON"/>
     </SPAN>
    </DIV>
   </xsl:repeat>
  </BODY>
 </HTML>
</xsl:document>
```

Ambedue i fogli di stile sono esempi di una *struttura a modello singolo*, ossia ciascuno dei due fogli di stile è costituito da un unico modello. Ma un foglio di stile può avere anche una *struttura a più modelli*, nella quale il foglio di stile contiene più modelli che possono essere applicati indipendentemente dagli altri.

STRUTTURA A PIU' MODELLI

Un foglio di stile a più modelli utilizza i tag <xsl:stylesheet> </xsl:stylesheet>, che a loro volta possono contenere diverse coppie di tag <xsl:template> </xsl:template>. Ciascuna di queste coppie può essere applicata indipendentemente dalle altre. Nell'esempio che segue è possibile esaminare in modo più approfondito questa struttura:

```
<CATALOG>
 <PLANT BESTSELLER="no">
  <NAME>
```

```
  <COMMON>Bloodroot</COMMON>
  <BOTAN>Sanguinaria canadensis</BOTAN>
 </NAME>
 <GROWTH>
  <ZONE>4</ZONE>
  <LIGHT>Mostly Shady</LIGHT>
 </GROWTH>
 <SALESINFO>
  <PRICE>$3.00</PRICE>
  <AVAILABILITY>4/21/99</AVAILABILITY>
 </SALESINFO>
</PLANT>

<PLANT BESTSELLER="yes">
 <NAME>
  <COMMON>Columbine</COMMON>
  <BOTAN>Aquilegia canadensis</BOTAN>
 </NAME>
 <GROWTH>
  <ZONE>3</ZONE>
  <LIGHT>Mostly Shady</LIGHT>
 </GROWTH>
 <SALESINFO>
  <PRICE>$9.00</PRICE>
  <AVAILABILITY>4/10/99</AVAILABILITY>
 </SALESINFO>
</PLANT>

<PLANT BESTSELLER="no">
 <NAME>
  <COMMON>Marsh Marigold</COMMON>
  <BOTAN>Caltha palustris</BOTAN>
 </NAME>
 <GROWTH>
```

```
  <ZONE>4</ZONE>
  <LIGHT>Mostly Sunny</LIGHT>
 </GROWTH>
 <SALESINFO>
  <PRICE>$9.00</PRICE>
  <AVAILABILITY>4/19/99</AVAILABILITY>
 </SALESINFO>
</PLANT>
</CATALOG>
```

Nel listato seguente è riportato il foglio di stile dell'esempio precedente, il quale contiene diversi modelli che vengono applicati in modo indipendente alle diverse sezioni del documento XML:

```
<?xml version="1.0"?>
<xsl:stylesheet xmlns:xsl="uri:xsl">
 <xsl:template match="/">
  <HTML>
   <BODY>
    <TABLE BORDER="1">
     <TR STYLE="font-weight:bold">
      <TD>Common Name</TD>
      <TD>Botanical Name</TD>
      <TD>Zone</TD>
      <TD>Light</TD>
      <TD>Price</TD>
      <TD>Availability</TD>
     </TR>
     <xsl:for-each select="CATALOG/PLANT">
      <TR>
       <xsl:apply-templates/>
      </TR>
     </xsl:for-each>
    </TABLE>
   </BODY>
  </HTML>
```

```
</xsl:template>

<xsl:template match="NAME">
 <TD><xsl:value-of select="COMMON"/></TD>
 <TD><xsl:value-of select="BOTAN"/></TD>
</xsl:template>

<xsl:template match="GROWTH">
 <TD><xsl:value-of select="ZONE"/></TD>
 <TD><xsl:value-of select="LIGHT"/></TD>
</xsl:template>

<xsl:template match="SALESINFO">
 <TD><xsl:value-of select="PRICE"/></TD>
 <TD><xsl:value-of select="AVAILABILITY"/></TD>
</xsl:template>
</xsl:stylesheet>
```

Il foglio di stile inizia con il tag <xsl:stylesheet> e termina con il tag </xsl:stylesheet>.
La sigla xmlns è una parola riservata e serve per identificare un particolare namespace; ad esempio in questo caso tutte le parole riservate che iniziano con xsl: fanno parte del vocabolario individuato dall'URL htttp://www.w3.org/TR/WD-xsl.
Dal momento che il documento XML può avere un solo elemento principale e che l'XSL è un profilo di XML, il solo elemento xsl:stylesheet consente di includere più elementi xsl:template nel foglio di stile.
Il pattern di questo modello è semplicemente "/" e definisce l'elemento principale del documento XML. E' presente anche l'elemento xsl:for-each all'interno del modello, che definisce un altro pattern, *CATALOG/PLANT*, e stabilisce che la struttura generata che segue deve essere applicata a ogni sezione corrispondente al pattern. All'interno di tale struttura è contenuto l'elemento xsl:apply-templates che avvia la ricerca da parte dell'elaboratore di altri modelli nel foglio di stile, ciascuno con il suo pattern. Poiché l'elemento xsl:apply-templates si trova all'interno del pattern *CATALOG/PLANT*, gli altri modelli verranno applicati solo quando verrà trovata una corrispondenza all'interno dell'elemento. Ad esempio, il modello NAME verrà applicato solo agli elementi nella gerarchia *CATALOG/PLANT/NAME*.

Facciamo una sintesi di quanto visto fino ad ora.

Il linguaggio XSL trasforma l'XML in elementi di output. Questi elementi di output vengono tipicamente utilizzati per preparare i dati per la visualizzazione applicando formattazione ai dati XML, ma questo non ne costituisce l'unico utilizzo possibile. Questa trasformazione avviene in questa sequenza:

1. Un foglio di stile specifica pattern che corrispondono ai dati rilevati nel documento XML. Questi pattern fanno parte di singoli modelli che contengono strutture di output.
2. L'elaboratore rileva i dati che corrispondono ai pattern e li converte nella struttura di output.
3. Una volta elaborato l'intero foglio di stile, nella memoria del computer esiste una nuova struttura di dati basata sull'output del foglio di stile.

VISUALIZZAZIONE DEGLI ELEMENTI DI OUTPUT

A questo punto introduciamo un nuovo concetto relativo al linguaggio XSL: la visualizzazione.

Fino a poco tempo non esistevano software XML che erano in grado di visualizzare un file XML secondo quanto espresso nei principi base del progetto del consorzio W3. La situazione era quindi tale che in attesa di un processore o di un browser che supportasse completamente XML si potevano seguire diverse strade, ad esempio visualizzare i file XML con viewer SGML, utilizzare l'Active X Msxml, generare off-line dei file HTML da sorgenti XML e XSL utilizzando script.

Questa ultima modalità consentiva di elaborare e visualizzare contemporaneamente il documento, in modo che l'utente non doveva far altro che controllarne il risultato. Pur essendo una modalità ottima per una fase di passaggio è pur sempre lontana dalla filosofia di partenza del progetto XML, che prevede l'utilizzo diretto di XML sul Web, perché comunque deve sempre tener conto dei limiti di HTML.

La Microsoft è quella che per prima ha già sviluppato due parser XML che si integrano con il suo ultimo browser.

Infatti con l'avvento di Microsoft Internet Explorer 5 è possibile adesso visualizzare i dati XML utilizzando i fogli di stile XSL come dei file HTML e indipendentemente da questi.

Per visualizzare un file XML utilizzando XSL bisogna indicare il tipo e la locazione del foglio di stile XSL con le istruzioni di elaborazione (PI). La forma base per queste istruzioni di elaborazione sono del tipo

```
<?xml-stylesheet type="text/xsl" href="mystyle.xsl"?>
```

Quando Internet Explorer 5 sfoglia il documento XML, elabora l'istruzione di elaborazione, scarica il foglio di stile e lo utilizza per visualizzare il documento XML. Il valore dell'attributo *type* descrive il tipo del foglio di stile da attuare, se XSL "text/xsl" se CSS "text/css". L'attributo *href* è un collegamento URL relativo al foglio di stile. Se il documento XML non contiene queste istruzioni di elaborazione, Internet Explorer 5 visualizzerà il documento XML come un albero gerarchico con il codice di vario colore.

Ecco come verrà visualizzato l'esempio utilizzato in questo capitolo usando Microsoft Explorer 5:

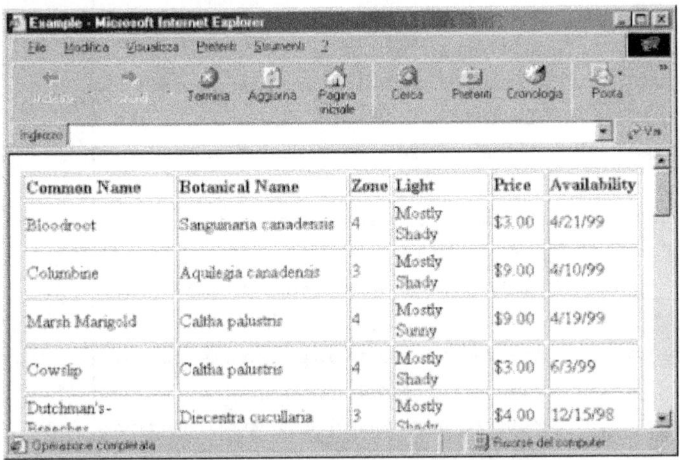

Common Name	Botanical Name	Zone	Light	Price	Availability
Bloodroot	Sanguinaria canadensis	4	Mostly Shady	$3.00	4/21/99
Columbine	Aquilegia canadensis	3	Mostly Shady	$9.00	4/10/99
Marsh Marigold	Caltha palustris	4	Mostly Sunny	$9.00	4/19/99
Cowslip	Caltha palustris	4	Mostly Shady	$3.00	6/3/99
Dutchman's-	Dicentra cucullaria	3	Mostly	$4.00	12/15/98

Per quanto riguarda Netscape, che inizialmente non aveva dimostrato molto interesse verso XML, sembra essere ritornata sui suoi passi. La versione 5 del browser Navigator dovrebbe contenere un processore in grado di leggere e formattare i file XML.

ESTRAZIONE DEI DATI DALL'XML

Molti elementi XSL possono essere utilizzati per recuperare dati dal documento XML. Gli elementi XSL combinati con gli attributi XSL forniscono altre prestazioni per il corretto recupero dei dati necessari dal documento XML.

ELEMENTI XSL

Gli elementi XSL si comportano come comandi e indicano all'elaboratore XSL come gestire i dati. Di seguito riportiamo un elenco completo degli elementi XSL supportati:

Elemento XSL	**Descrizione**
xsl:apply-templates	Indica all'elaboratore XSL di cercare il modello

	corretto da applicare, in base al pattern specificato.
xsl:attribute	Genera un nodo di attributo e lo applica all'elemento di output.
xsl:cdata	Genera una sezione *CDATA* nell'output.
xsl:choose	Consente di eseguire test condizionali. Questo elemento viene utilizzato in combinazione con gli elementi *xsl:otherwise* e *xsl:when*.
xsl:comment	Crea un commento nella struttura di output.
xsl:copy	Crea una copia del nodo di destinazione dalla fonte da includere nell'output.
xsl:define-template-set	Definisce un insieme di modelli a un specifico livello di validità.
xsl:element	Genera un elemento nell'output con il nome specificato.
xsl:entity-ref	Genera un riferimento all'entità nell'output con il nome specificato.
xsl:eval	Valuta una stringa di testo, solitamente codice script.
xsl:for-each	Applica lo stesso modello a più nodi del documento.
xsl:if	Consente test condizionali in un modello.
xsl:node-name	Inserisce il nome del nodo corrente nell'output come stringa di testo.
xsl:otherwise	Fornisce test condizionali. Questo elemento viene utilizzato in combinazione con gli elementi *xsl:choose* e *xsl:when*.
xsl:pi	Genera un istruzione di elaborazione nell'output.
xsl:script	Definisce dichiarazioni e funzioni di variabili globali.
xsl:stylesheet	Definisce l'insieme di modelli che vengono applicati alla struttura del documento di origine per generare il documento di output.
xsl:template	Definisce un modello per l'output basato su un pattern specifico.
xsl:value-of	Valuta un pattern XSL specificato nell'attributo

	select e restituisce il valore del nodo identificato come testo, che verrà poi inserito nel modello.
xsl:when	Fornisce test condizionali. Questo elemento viene utilizzato in combinazione con gli elementi *xsl:choose* e *xsl:otherwise*.

METODI XSL

Oltre agli elementi, nell'XSL sono inclusi anche metodi. Questi metodi possono essere chiamati dall'elemento xsl:eval o da un normale codice script. Ad esempio, il metodo formatIndex potrebbe essere utilizzato come di seguito:

```
<xsl:template match="NAME">
 <TD STYLE="font-style:italic; font-size:20">
  <xsl:value-of select="COMMON"/>
   item number:
    <xsl:eval>
    formatIndex(childNumber(this),"1")
  </xsl:eval>
 </TD>
</xsl:template>
```

Ecco un elenco dei metodi supportati:

Metodo XSL	**Descrizione**
AbsoluteChildNumber	Restituisce il numero del nodo specificato relativo a tutti gli elementi di pari livello.
AncestorChildNumber	Restituisce il numero del predecessore di un nodo con il nome specificato.
ChildNumber	Restituisce il numero del nodo relativo agli elementi di pari livello.
Depth	Restituisce, per il nodo specificato, il livello gerarchico all'interno della struttura del documento.
ElementIndexList	Restituisce una matrice di numeri secondari per il nodo specificato e per tutti i nodi principali. Questo elemento è ricorsivo fino al nodo principale.

FormatDate	Formatta la data mediante le opzioni di formattazione specificate.
FormatIndex	Formatta il numero intero fornito utilizzando il sistema numerico specificato.
FormatNumber	Formatta il numero fornito utilizzando il formato specificato.
FormatTime	Formatta l'ora mediante le opzioni di formattazione specificate.
UniqueID	Restituisce l'unico identificatore per il nodo specificato.

XLL: COLLEGAMENTI CON IL LINGUAGGIO XML

Il linguaggio XML è in grado di fornire un metodo più efficiente per collegare le informazioni sul Web tramite un'applicazione XML denominata XLink e inoltre anche un meccanismo che consente i collegamenti a strutture interne di un documento XML denominato XPointer. Le principali proprietà dell'XLL sono:

- Link multi direzionali: ad esempio l'HTML fornisce solo link mono direzionali; per questo tipo di link l'unico modo per tornare "indietro" è quello di utilizzare l'apposito pulsante. Invece in un link bi-direzionale per esempio, un utente può tornare indietro utilizzando lo stesso link che gli ha permesso di arrivare a destinazione.
- Link a destinazione multipla: da un singolo link, un utente può scegliere fra differenti destinazioni.
- Link ad effetto multiplo: si può fare in modo che la risorsa collegata sostituisca il documento attivo, oppure che sia visualizzata in una nuova finestra, o infine che sia inserita direttamente nel documento attivo.
- Link ad attivazione multipla: si può fare in modo che il link sia attivato da un click dell'utente, oppure che sia attivato automaticamente quando individuato dall'applicazione di elaborazione.

Vediamo in dettaglio le due componenti dell'XLL.

XLINK: IL SISTEMA PER I COLLEGAMENTI XML

L'XLink utilizza il linguaggio XML per definire tutti i componenti necessari per creare collegamenti nei documenti XML e definisce due tipi di collegamenti fondamentali: i collegamenti semplici e i collegamenti estesi. Realizzato in modo tale da mantenere semplicità dei collegamenti HTML, l'XLink fornisce tuttavia maggiori efficienza ed estensibilità.

COLLEGAMENTI SEMPLICI NELL'XML

I collegamenti XML dovrebbero più opportunamente essere considerati *risorse* di connessione. Questo significa che l'XLink è in grado di fornire il collegamento a qualunque risorsa raggiungibile tramite un localizzatore nell'elemento di collegamento. Questo concetto non è specifico dell'XLink: la nozione di risorse è legata al funzionamento del World Wide Web. L'XLink fornisce tuttavia una sintassi più sofisticata per la definizione degli elementi e del comportamento dei collegamenti, ad esempio la capacità di un collegamento di funzionare in più direzioni. L'XLink è inoltre più flessibile e consente a un documento di collegarsi a qualsiasi tipo di risorsa raggiungibile sul Web.

Come nell'HTML, i collegamenti semplici sono collegamenti *in linea*, ovvero fanno parte dell'elemento e funzionano in una sola direzione. Un collegamento semplice ha un solo identificatore di risorsa, o *localizzatore*. Il localizzatore, ad esempio l'attributo *HREF* nell'elemento Anchor, contiene i dati relativi al collegamento. Nell'XLink, tutte le informazioni sul localizzatore sono contenute all'interno dell'elemento di collegamento. Pertanto, l'applicazione di elaborazione non avrà bisogno di recuperare altre informazioni sul localizzatore.

Il primo esempio di collegamento riportato contiene un collegamento XML semplice. La creazione di un elemento di collegamento semplice nell'XML comporta maggiori difficoltà rispetto alla creazione di un elemento Anchor e all'assegnazione di un valore *HREF*. L'XML è un metalinguaggio, pertanto la creazione di un nuovo elemento che possa essere utilizzato in un documento richiede la dichiarazione dell'elemento e di tutti i relativi attributi. Il linguaggio XML e la specifica XLink forniscono un'ampia gamma di efficienti opzioni per la creazione di collegamenti. Creiamo adesso un elemento di collegamento semplice, denominato MYLINK. Riportiamo la dichiarazione dell'elemento e l'elenco degli attributi così come potrebbe comparire in una dichiarazione del tipo di documento (DTD).

```
<!ELEMENT MYLINK ANY>
<!ATTLIST MYLINK
 XML:LINK CDATA #FIXED "simple"
 HREF CDATA #REQUIRED
 INLINE (true|false) "true"
 ROLE CDATA #IMPLIED
 TITLE CDATA #IMPLIED
 SHOW (replace|new|embed) #IMPLIED
```

```
 ACTUATE (auto|user) #IMPLIED
 BEHAVIOR CDATA #IMPLIED
 CONTENT-ROLE CDATA#IMPLIED
 CONTENT-TITLE CDATA #IMPLIED
>
```

XML:LINK

Gli sviluppatori dell'XLink avrebbero potuto riservare un nome di tag (ad esempio <A> nell'HTML), riservare un nome di attributo o lasciare la scelta al software dell'applicazione per riconoscere un elemento come elemento di collegamento. Decisero di adottare un nome di attributo, ritenendo che questo avrebbe consentito agli autori di definire elementi personalizzati e contemporaneamente mantenere l'elemento di collegamento come parte del collegamento della struttura dell'elemento. Il risultato è l'attributo *XML:LINK*, che può avere valore *simple* o *extended*.

L'esempio precedente assegna il valore *simple*, poiché il collegamento in fase di creazione è di tipo semplice. L'esempio seguente mostra come apparirà l'elemento Mylink in un documento:

```
<MYLINK XML:LINK="simple"  HREF="http://www.miosito.com">
 My Home Page
</MYLINK>
```

L'attributo *XML:LINK* è incluso nell'elemento Mylink precedente, ma in quanto dichiarato con un valore fisso nella dichiarazione dell'elemento, non è necessario che l'elemento stesso includa l'attributo *XML:LINK*.

HREF Ciascun elemento di collegamento nell'XML deve avere un localizzatore di risorsa che identifica la risorsa alla quale il collegamento fa riferimento. *HREF* è l'attributo del localizzatore nell'XLink e funziona come nell'HTML.

INLINE Un elemento di collegamento XLink può essere in linea o non in linea. Un collegamento in linea funziona come risorsa propria, ovvero l'elemento di collegamento, analogamente alla destinazione del collegamento, fornisce contenuto. Anche in questo caso l'elemento Anchor HTML rappresenta perfettamente questo tipo di collegamento. Così come la destinazione del collegamento, l'elemento Anchor fornisce anche contenuto. Nell'esempio riportato il valore predefinito *true* fa parte della dichiarazione dell'attributo *INLINE*. Non è pertanto necessario specificare l'attributo nell'elemento.

ROLE L'attributo *ROLE* indica al software dell'applicazione il significato del collegamento. Con questo attributo si intende fornire informazioni sul collegamento considerato come insieme e non solo come risorsa remota del collegamento. Queste applicazioni devono essere comprese dall'applicazione e non dagli utenti. L'utilizzo di *ROLE* consente di fornire all'applicazione informazioni dettagliate sui collegamenti che vanno oltre la semplice indicazione della risorsa a cui rimandano. Ad esempio, alcuni collegamenti potrebbero condurre a voci di glossario, altri a informazioni generali su un determinato argomento, altri ancora a informazioni sulle proprietà di una risorsa, tra cui informazioni sulla versione. Le applicazioni possono ora ottenere questo tipo di informazioni direttamente dal collegamento e agire di conseguenza.

TITLE L'attributo *TITLE*, simile al tag <ALT> dell'HTML, contiene un'etichetta visualizzabile o del testo che può essere utilizzato per fornire informazioni supplementari all'utente. Si tratta di un attributo per risorse remote: l'informazione *TITLE* non intende correlarsi al collegamento nel suo insieme, bensì fornire informazioni all'utente sulla relazione esistente tra risorsa e collegamento. Mentre l'attributo *ROLE* viene interpretato dal computer, l'attributo *TITLE* si rivolge all'utente.

SHOW L'attributo *SHOW* fa parte della semantica per le risorse remote dell'XML e rappresenta probabilmente uno dei miglioramenti più rilevanti rispetto ai collegamenti HTML. L'attributo *SHOW* accetta valori come *replace*, *new* ed *embed*, che descrivono il modo in cui il collegamento dovrà funzionare. Il valore *replace* indica che la risorsa locale viene sostituita da una risorsa remota. Questa tecnica è tra le più comunemente utilizzate dai collegamenti HTML. Il valore *new* specifica che la risorsa di destinazione deve essere aperta in un contesto nuovo. Una funzionalità simile è fornita nell'HTML dall'attributo *TARGET* dell'elemento Anchor: la destinazione del collegamento si apre in un nuovo contesto, in genere un'altra finestra del browser. Il valore *embed* indica la nuova tecnica relativa al funzionamento di un collegamento. Se viene specificato il valore *embed*, il contenuto della destinazione del collegamento viene incorporato nel contenuto dell'origine del collegamento. Quando l'utente fa clic sul collegamento con il valore *embed* specificato, le informazioni vengono visualizzate nel contesto, direttamente all'interno del documento di origine.

ACTUATE L'attributo *ACTUATE* specifica il modo in cui il collegamento deve essere attivato. Questo attributo può accettare il valore *auto* o *user*. Il valore *auto* indica che il collegamento deve essere attivato automaticamente quando il collegamento viene elaborato dall'applicazione. Il valore *user* specifica che il collegamento deve essere attivato da un meccanismo esterno, ad esempio un clic del mouse. Combinando inoltre l'attributo *SHOW=embed* con l'attributo *ACTUATE=auto* è possibile creare un documento contenente molti collegamenti incorporati. Quando un utente apre il documento, tutti i collegamenti vengono automaticamente attivati e incorporati direttamente nel documento. Il documento composto che ne deriva contiene informazioni raccolte da varie origini invisibili all'utente.

BEHAVIOR L'attributo *BEHAVIOR* fornisce all'autore del collegamento uno spazio in cui descrivere cosa accadrà all'attivazione del collegamento. Al collegamento possono ad esempio essere associati gli stati "precedente" e "successivo". Lo stato precedente corrisponde all'aspetto del collegamento prima che venga attivato e può includere tipo di carattere, colori e altri elementi di formattazione. Lo stato successivo rimanda a quanto si verifica dopo l'attivazione del collegamento, ovvero al comportamento del collegamento. L'attributo *BEHAVIOR* non presenta vincoli e può contenere qualunque tipo di istruzione che possa essere comunicata all'applicazione che elabora il collegamento.

CONTENT-ROLE Questo attributo funziona in modo analogo all'attributo *ROLE*, ma è specifico delle risorse locali. Indica all'applicazione lo scopo della risorsa locale come parte del collegamento. Come l'attributo *ROLE*, questa informazione viene utilizzata dall'applicazione e non dagli utenti.

CONTENT-TITLE Anche *CONTENT-TITLE* è un attributo della semantica delle risorse locali che fornisce informazioni all'utente relativamente alla parte locale del collegamento. Svolge una funzione simile a quella dell'attributo *TITLE*, ma si rivolge agli utenti.

COLLEGAMENTI ESTESI NELL'XML L'utilizzo dei collegamenti estesi consente di definire gruppi di possibili destinazioni da un'unica origine. I collegamenti estesi forniscono tutte le informazioni necessarie per consentire i collegamenti multipli.

COLLEGAMENTI ESTESI IN LINEA Il miglioramento delle potenzialità ha portato con sé un aumento delle complessità e in effetti i collegamenti estesi complicano l'equazione. Vediamo un esempio di collegamento esteso:

```
<!ELEMENT MYELINK ANY>
<!ATTLIST MYELINK
 XML:LINK CDATA #FIXED "extended"
 INLINE (true|false) "true"
 ROLE CDATA #IMPLIED
 TITLE CDATA #IMPLIED
 SHOW (replace|new|embed) #IMPLIED
 ACTUATE (auto|user) #IMPLIED
 BEHAVIOR CDATA #IMPLIED
```

```
 CONTENT-ROLE CDATA#IMPLIED
 CONTENT-TITLE CDATA #IMPLIED
>
```

Il codice è simile alla dichiarazione del collegamento semplice creato in precedenza, ma in questo caso l'attributo *XML:LINK* contiene il valore extended anziché simple, poiché si tratta di un collegamento esteso, e non vi sono attributi *HREF* dichiarati in quanto con i collegamenti estesi i localizzatori devono essere contenuti in un insieme separato di elementi. Questi elementi vengono identificati come localizzatori. L'utilizzo di questo metodo per la definizione dei localizzatori consente di specificare più localizzatori per un solo elemento di collegamento. Non diversamente da altri elementi, anche il localizzatore deve essere dichiarato. Ecco un esempio di dichiarazione di localizzatore:

```
<!ELEMENT ELOCATOR ANY>
<!ATTLIST ELOCATOR
 XML:LINK CDATA #FIXED "locator"
 HREF CDATA #REQUIRED
 INLINE (true|false) "true"
 ROLE CDATA #IMPLIED
 TITLE CDATA #IMPLIED
 SHOW (replace|new|embed) #IMPLIED
 ACTUATE (auto|user) #IMPLIED
 BEHAVIOR CDATA #IMPLIED
>
```

L'attributo XML:LINK contiene il valore locator per identificare questo elemento come localizzatore XLink, inoltre utilizziamo l'attributo HREF.

A questo punto esaminiamo il modo in cui questa struttura potrebbe funzionare in un documento XML. L'elemento di collegamento avrà aspetto simile al seguente codice:

```
<MYELINK XML:LINK="extended">minivan review
 <ELOCATOR TITLE="Chrysler Town and Country" HREF="Chrysler.htm"/>
 <ELOCATOR TITLE="Ford Windstar" HREF="Ford.htm"/>
 <ELOCATOR TITLE="Chevrolet Venture" HREF="Chevy.htm"/>
 <ELOCATOR TITLE="Honda Odyssey" HREF="Honda.htm"/>
 <ELOCATOR TITLE="Nissan Quest" HREF="Nissan.htm"/>
 <ELOCATOR TITLE="Toyota Sienna" HREF="Toyota.htm"/>
</MYELINK>
```

COLLEGAMENTI ESTESI NON IN LINEA

Un collegamento in linea richiede il testo del collegamento affinché il collegamento stesso risulti completo. I collegamenti estesi consentono di creare collegamenti in cui la risorsa locale non appartiene al collegamento. Questo significa che un elemento o una porzione di contenuto può costituire un collegamento, benché non sia stato creato con questo obiettivo. Questi collegamenti, definiti *collegamenti non in linea*, forniscono un modo potente e flessibile per collegare informazioni. Per creare un collegamento non in linea utilizzeremo la stessa dichiarazione degli elementi del collegamento esteso e la stessa dichiarazione degli elementi localizzatori create per il collegamento esteso in linea. Nel tag dell'elemento occorre impostare l'attributo *INLINE* su *false* per indicare che l'elemento è un collegamento non in linea.

```
<MYELINK XML:LINK="extended" INLINE="false">
 <ELOCATOR TITLE="Chrysler Town and Country" HREF="#Chrysler"/>
 <ELOCATOR TITLE="Ford Windstar" HREF="#Ford"/>
 <ELOCATOR TITLE="Chevrolet Venture" HREF="#Chevy"/>
 <ELOCATOR TITLE="Honda Odyssey" HREF="#Honda"/>
 <ELOCATOR TITLE="Nissan Quest" HREF="#Nissan"/>
 <ELOCATOR TITLE="Toyota Sienna" HREF="#Toyota"/>
</MYELINK>
<REVIEW ID="Chrysler">
 <TITLE="Chrysler Town and Country"</TITLE>
 <!--Questa è la sezione della Chrysler-- >
</REVIEW>
<REVIEW ID="Ford">
 <TITLE ="Ford Windstar"</TITLE>
 <!--Questa è la sezione della Ford-- >
</REVIEW>
<REVIEW ID="Chevy">
 <TITLE ="Chevrolet Venture"</TITLE>
 <!--Questa è la sezione della Chevrolet -- >
</REVIEW>
<REVIEW ID="Honda">
 <TITLE ="Honda Odyssey"</TITLE>
 <!--Questa è la sezione della Honda-- >
```

```
</REVIEW>
REVIEW ID="Nissan">
 <TITLE ="Nissan Quest"</TITLE>
 <!--Questa è la sezione della Nissan-- >
</REVIEW>
REVIEW ID="Toyota">
 <TITLE ="Toyota Sienna"</TITLE>
 <!--Questa è la sezione della Toyota-- >
</REVIEW>
```

In questo esempio i localizzatori sono mantenuti nella relativa sezione e non sono vincolati ad alcuna risorsa di collegamento locale. I localizzatori contengono tutte le informazioni necessarie per fornire le connessioni alle sezioni appropriate nel documento, ma è compito dell'applicazione visualizzare i collegamenti per l'utente. L'applicazione potrebbe ad esempio fornire un elenco separato dal contenuto che consenta all'utente di connettersi all'elemento desiderato in qualunque momento. In questo modo vengono impostati collegamenti realmente multidirezionali, eliminando i collegamenti con spostamento "avanti e indietro" che per la maggior parte degli utenti Web è consuetudine utilizzare.

A questo punto, si immagini un documento XML contenente nella DTD le dichiarazioni degli elementi Myelink ed Elocator precedentemente utilizzati. Supponiamo inoltre che il documento includa nell'elemento Document i seguenti localizzatori:

```
<MYELINK XML:LINK="extended" INLINE="false">
 <ELOCATOR TITLE="Chrysler Town and Country" HREF="Chrysler.htm"/>
 <ELOCATOR TITLE="Ford Windstar" HREF="Ford.htm"/>
 <ELOCATOR TITLE="Chevrolet Venture" HREF="Chevy.htm"/>
 <ELOCATOR TITLE="Honda Odyssey" HREF="Honda.htm"/>
 <ELOCATOR TITLE="Nissan Quest" HREF="Nissan.htm"/>
 <ELOCATOR TITLE="Toyota Sienna" HREF="Toyota.htm"/>
</MYELINK>
```

Poiché i localizzatori sono contenuti in documento distinto, qualsiasi applicazione che utilizzi questo documento sarà in grado di rendere disponibili tali collegamenti. Anche in questo caso, la struttura creata per i collegamenti è multidirezionale in quanto da qualunque documento sarà possibile accedere a un collegamento a qualsiasi altro documento. Un ulteriore vantaggio deriva dalla possibilità di gestire l'elenco dei collegamenti in maniera separata dai documenti nei quali vengono utilizzati, grazie al fatto che l'elenco dei localizzatori risiede in un documento specifico. Questo tipo di struttura consente inoltre di aggiungere collegamenti a documenti che normalmente non possono essere modificati in modo tale da contenere collegamenti in linea propri. L'applicazione può infine verificare che i documenti identificati nei localizzatori siano disponibili anche prima che i collegamenti vengano visualizzati, evitando in tal modo l'interruzione dei collegamenti.

La configurazione di destinazioni multiple per i collegamenti, i collegamenti non in linea estesi e i collegamenti multidirezionali sono gestiti da un numero esorbitante di collegamenti. L'XLink fornisce un metodo in grado di risolvere alcuni di questi aspetti: i gruppi di collegamenti estesi.

GRUPPI DI COLLEGAMENTI ESTESI

I *gruppi di collegamenti estesi* semplificano la gestione delle informazioni sui collegamenti correlati impostando elementi contenenti elenchi di documenti correlati. Supponiamo di pubblicare mensilmente per una rivista di consumo un servizio sulle novità automobilistiche. Anziché creare un singolo documento contenente elenchi di tutte le automobili delle varie categorie per ogni mese, è possibile raggruppare gli elenchi in modo da renderli più facilmente gestibili. Per utilizzare i gruppi di collegamento estesi, sono necessari due elementi, uno per definire il gruppo (*GROUP*) e l'altro per specificare i documenti appartenenti al gruppo (*DOCUMENT*). Ecco un esempio di dichiarazioni:

```
<!ELEMENT GROUP (DOCUMENT*)>
<!ATTLIST GROUP
 XML:LINK CDATA #FIXED "group"
 STEPS CDATA #IMPLIED
>

<!ELEMENT DOCUMENT EMPTY>
<!ATTLIST DOCUMENT
 XML:LINK CDATA #FIXED "document"
 HREF CDATA #REQUIRED
>
```

STEPS consiste nell'indicare all'applicazione il numero di livelli dei documenti in cui eseguire la ricerca prima di terminarla. Questo attributo risulta particolarmente utile quando il gruppo contiene documenti nel quale sono inclusi altri gruppi, a loro volta contenenti nuovi documenti che contengono ulteriori gruppi e così via. Dopo aver predisposto le dichiarazioni degli elementi, è necessario aggiungere gli elementi Group e Document. Gli elementi Document contengono semplicemente HREF che portano l'applicazione che li elabora ai documenti all'interno dei quali devono essere cercati i collegamenti. Quando l'applicazione raggiunge uno di questi elementi, carica i documenti specificati dagli attributi HREF degli elementi Document in Group. Essa controlla quindi questi documenti alla ricerca di collegamenti al documento originale, costruendo una tabella di collegamenti. L'applicazione di elaborazione caricherà tutti i documenti ed elaborerà l'informazione di collegamento in essa contenuta; questa è la fase uno. Se l'attributo *STEPS* è maggiore di 1, l'applicazione caricherà i documenti ai quali i documenti originali erano collegati dal primo gruppo di collegamenti caricati (*STEPS* evita che i documenti carichino centinaia di altri documenti).

In questo modo viene creato il gruppo di collegamenti:

```
<GROUP STEP=1>
 <DOCUMENT HREF="cousin2.htm"/>
 <DOCUMENT HREF="cousin3.htm"/>
 <DOCUMENT HREF="cousin4.htm"/>
 <DOCUMENT HREF="cousin5.htm"/>
</GROUP>
```

I gruppi di collegamenti estesi rendono possibile centralizzare l'informazione di collegamento, sostituendo un labirinto di collegamenti (figura A) con un sistema di comunicazione centralizzato (figura B) che consente agli sviluppatori di esaminare e gestire collegamenti senza dover leggere documenti senza fine. Esso inoltre riduce l'occupazione del sistema consentendo agli sviluppatori di richiedere a un documento XML di scaricare solo un ulteriore documento (o eventualmente alcuni) per creare un elenco completo di collegamenti.

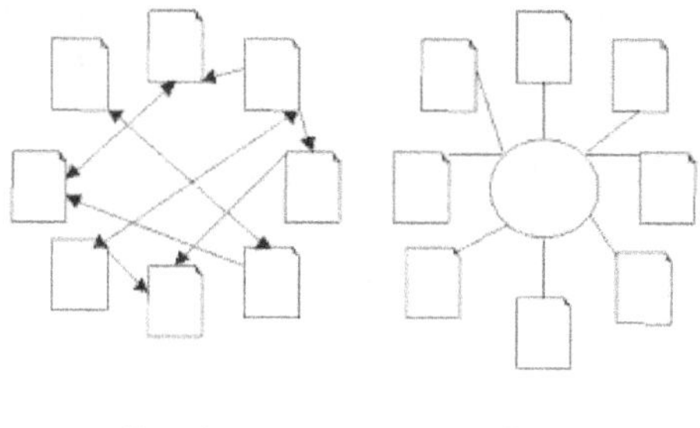

Figura A Figura B

XPOINTER

Un altro linguaggio basato sull'XML è l'XPointer che consente di ottenere collegamenti ancora più precisi all'interno di documenti XML.

L'obiettivo principale dell'XPointer è quello di fornire un metodo di indirizzamento della struttura interna di un documento XML. Negli esempi precedenti, per fare riferimento a una porzione specifica di un documento, utilizzavamo un identificatore di frammento che richiedeva che l'elemento utilizzasse un attributo *ID*. Il linguaggio XPointer è stato realizzato in modo da fare riferimento alle strutture interne di un documento, sia che includano o meno attributi *ID*.

CONCETTI FONDAMENTALI RELATIVI AL LINGUAGGIO XPOINTER

l'azione dell'XPointer è interna agli elementi e alle strutture che costituiscono il documento XML. Un elemento XPointer contiene una serie di termini di localizzazione che specifica una posizione nella struttura ad albero del documento. Benché molto più sofisticato degli identificatori di frammento HTML, l'XPointer può essere utilizzato in maniera analoga. I termini di localizzazione utilizzano la sintassi indicata nei seguenti esempi:

HREF="uri#Xpointer"

HREF="uri|Xpointer"

Se come separatore si utilizza il simbolo di cancelletto (#), tale simbolo indica che il client deve elaborare la connessione. Se si utilizza invece il simbolo pipe (|), il meccanismo della connessione rimane aperto. In questo modo, la connessione del collegamento può essere gestita sul lato server, consentendo un potenziale risparmio di larghezza di banda. Un *termine di localizzazione* richiede un'origine di localizzazione. Si tratta di un metodo che consente di indicare a XPointer il punto in cui iniziare ad operare nella struttura del documento. Ogni termine di localizzazione utilizza una parola chiave e può contenere argomenti. La parola chiave specifica l'origine di localizzazione, ad esempio *Root* o *Id*, che indica a XPointer dove iniziare. Gli argomenti forniscono ulteriori informazioni sul percorso che XPointer dovrà compiere all'interno dell'origine. Un esempio di termine di localizzazione è il seguente:

Child(2,PRODUCT)

In cui viene indicato il secondo elemento Product tra gli elementi secondari correnti..

I termini di localizzazione possono essere associati a posizioni assolute, posizioni relative, posizioni con spanning, posizioni di attributi o posizioni di stringhe.

TERMINI DI LOCALIZZAZIONE ASSOLUTI

Un *termine di localizzazione assoluto* fa riferimento a un punto specifico nella struttura del documento. Non richiede alcuna origine di localizzazione e può essere utilizzato per stabilire un'origine di localizzazione o come elemento XPointer autonomo. I termini di localizzazione assoluti supportano le seguenti parole chiave:

- *Root()* La parola chiave *Root* specifica che l'origine di localizzazione coincide con l'elemento principale della risorsa con funzione di contenitore. Se non vengono specificate altre parole chiave, è considerata la parola chiave predefinita. Poiché lo scopo di un termine di localizzazione è di puntare a un documento, questa parola chiave è raramente utilizzata.
- *Origin()* Genera un'origine di localizzazione particolarmente utile se, a causa di una richiesta quale un collegamento, l'XPointer è in fase di elaborazione. Se XPointer inizia con *Origin*, l'origine di localizzazione corrisponde alla risorsa da cui è partita la richiesta.
- *Id(Name)* La parola chiave *Id* utilizza la tecnica più comune di spostamento attraverso i documenti, ovvero la coppia *ID* e *NAME*. Lo spostamento inizia al livello dell'elemento con *ID* corrispondente al *NAME* specificato.
- *Html(NameValue)* Questa parola chiave emula l'azione eseguita dall'identificatore di frammento in un documento HTML. Contiene un attributo *NAMEVALUE*. L'origine di localizzazione è il primo elemento Anchor contenente un attributo *NAME* il cui valore corrisponde a quello dell'attributo *NAMEVALUE* nel termine di localizzazione.

Un esempio di termine di localizzazione assoluto è il seguente:

HREF="http://www.foo.com/br.xml#Id(PRODUCT)"

Identifica l'elemento PRODUCT all'interno del documento br.xml.

TERMINI DI LOCALIZZAZIONE RELATIVI

Le parole chiave per i *termini di localizzazione relativi* dipendono dalla disponibilità di un'origine di localizzazione. Se non esiste alcuna origine, XPointer fa riferimento all'elemento principale della risorsa che contiene il termine. I termini di localizzazione relativi supportano le seguenti parole chiave:

- *Child* Se viene specificata, la parola chiave *Child* identifica i nodi secondari dell'origine di localizzazione. Seleziona tutti i nodi secondari dell'origine di localizzazione.
- *Descendant* Specifica i nodi del documento che si trovano a qualunque livello all'interno del contenuto dell'origine di localizzazione.
- *Ancestor* Specifica i nodi contenenti l'origine di localizzazione o i relativi elementi principali.
- *Preceding* Specifica i nodi che compaiono nella struttura ad albero del documento prima dell'origine di localizzazione.
- *Psibiling* Specifica gli elementi di pari livello che compaiono prima dell'origine di localizzazione. Gli elementi di pari livello condividono lo stesso elemento principale.
- *Following* Specifica i nodi che compaiono nella struttura ad albero del documento dopo l'origine di localizzazione.
- *Fsibling* Specifica gli elementi di pari livello che compaiono dopo l'origine di localizzazione.

Un esempio di termine di localizzazione relativo è il seguente:

Child(2,SECTION)

Identifica il secondo figlio di tipo SECTION.

TERMINI DI LOCALIZZAZIONE CON SPANNING

Un *termine di localizzazione con spanning* punta a una sottorisorsa individuando i dati presenti tra i due argomenti. Nell'esempio seguente, gli argomenti sono relativi all'origine di localizzazione per il termine di localizzazione con spanning:

Id(PRODUCT).Span(Child(1),Child(3))

Si seleziona dal primo al terzo figlio dell'elemento PRODUCT.

TERMINI DI LOCALIZZAZIONE DI ATTRIBUTI

Il *termine di localizzazione di un attributo* esamina il nome di un attributo, individua l'attributo e ne restituisce il valore. L'esempio seguente mostra l'utilizzo di questo termine:

Id(PRODUCT).Attr(N)

Si seleziona il valore dell'attributo N dell'elemento PRODUCT.

TERMINI DI LOCALIZZAZIONE DI STRINGHE

Il termine di localizzazione di una stringa seleziona una o più stringhe o posizioni tra stringhe nell'origine di localizzazione. I termini di localizzazione delle stringhe supportano le seguenti parole chiave:

- *InstanceOrAll* Identifica l'occorrenza ordinale della stringa specificata. Se il numero è positivo, XPointer inizia a contare a partire dall'inizio dell'origine di localizzazione. Se il numero è negativo, XPointer inizia a contare in senso inverso a partire dalla fine dell'origine di localizzazione. Se si utilizza il valore *All*, verranno utilizzate tutte le occorrenze della stringa.
- *SkipLit* Specifica la stringa da individuare nell'origine di localizzazione.
- *Position* Specifica l'offset di carattere dall'inizio della stringa o delle stringhe all'inizio della corrispondenza di stringa finale.
- *Length* Specifica il numero di caratteri da selezionare nella stringa.

Un esempio di termine di localizzazione di stringa è il seguente:
Id(PRODUCT).String(3,"widget")
Si seleziona il terzo elemento di PRODUCT contenente la stringa "widget".
Infine un semplice esempio di utilizzo di un XPointer :
HREF="http://www.foo.com/br.xml#id(list).child(3,item)"
viene selezionato il terzo elemento item che si trova all'interno dell'elemento list del documento br.xml.

XML-DATA

L'XML è un linguaggio orientato agli oggetti e, come altri linguaggi di questo tipo, permette di creare oggetti e di specificare i loro attributi. In generale si fa riferimento ad un oggetto XML come ad un elemento XML. L'XML Data è un DTD costruito secondo le specifiche XML, che può essere utilizzato per rappresentare strutture dati comunque complesse attraverso uno schema.
XML-Data quindi è un linguaggio utilizzato per creare uno *schema*, che identifica la struttura e i vincoli per un particolare documento XML.
Molti sviluppatori che operano all'interno di aziende pensavano che il linguaggio del meccanismo DTD non fosse adeguato alle necessità delle applicazioni XML presenti e future. Di conseguenza, diverse aziende e istituti di studio di ricerca, quali Microsoft, DataChannel e l'università di Edinburgo, hanno espresso l'esigenza di un nuovo meccanismo che svolgesse le stesse funzioni di base del meccanismo DTD, fornendo allo stesso tempo maggiori potenzialità e flessibilità.

Attenendosi al vocabolario specificato nel DTD dell'XML Data, è facile rappresentare basi di dati relazionali o ad oggetti. Un aspetto molto positivo è che utilizzando l'XML Data schema possiamo evitare di creare un nostro DTD specifico; quindi siamo sicuri che lo schema così creato sarà interpretato da qualunque DBMS che conosce il DTD XML Data.

GLI OBIETTIVI DI XML-DATA

XML-Data è stato creato per eliminare alcuni limiti della DTD. Ecco come XML-Data raggiunge tali obiettivi.

1. **Gestione dei documenti dello schema senza necessità di utilizzo di strumenti speciali**. Le DTD vengono scritte utilizzando una sintassi particolare specifica. Per questo motivo, la funzionalità dell'XML per l'utilizzo delle DTD richiede non solo autori esperti del linguaggio DTD, ma anche strumenti speciali in grado di leggere e scrivere nelle DTD, per ogni strumento XML sviluppato. Il primo obiettivo di XML-Data è quindi l'eliminazione dell'utilizzo di strumenti speciali ed è raggiunto mediante il semplice utilizzo della sintassi XML per il linguaggio.
2. **Flessibilità degli schemi**. Gli schemi devono essere sufficientemente flessibili per consentirne l'adattamento a un'applicazione specifica, eliminando i relativi vincoli. In altre parole, non è necessaria la flessibilità dell'applicazione per lo schema. Questa flessibilità è ottenuta mediante una sintassi di definizione aperta dello schema, con la quale uno schema può essere reso specifico aggiungendo elementi o attributi.
3. **Semplicità del linguaggio al fine di consentirne l'implementazione in tutti gli elaboratori XML.** Questo obiettivo garantisce che il linguaggio XML-Data non sia complesso e possa quindi essere implementato da tutti gli sviluppatori di elaboratori XML. Questo obiettivo può essere raggiunto utilizzando la sintassi XML per definire il linguaggio dello schema. In questo modo, l'implementazione viene semplificata e non è più necessario disporre di un particolare elaboratore per analizzare lo schema.
4. **XML-Data deve soddisfare i requisiti delle applicazioni Web (ad esempio le applicazioni per scambi commerciali) che riguardano la convalida dei dati aggiuntivi e di quelli espressi dalla DTD corrente**. La DTD definisce la struttura e le regole del documento, ma presenta dei limiti nella definizione dei tipi di dati e nella convalida dei dati. Il linguaggio XML-Data definisce i tipi di dati primitivi e permette di determinare intervalli di valori di dati, ad esempio, consentendo all'autore di determinare i valori massimi e minimi. Questo tipo di caratteristiche sono tipiche dei linguaggi di database relazionali, come SQL (Structured Query Language), e dei linguaggi di programmazione più recenti.

5. **Il linguaggio dello schema deve supportare la funzionalità che consente ai singoli documenti di comprendere parti definite in fonti di dati diverse.** I documenti XML, come sappiamo, possono comprendere altri documenti o parti di altri documenti mediante l'inserimento di puntatori all'interno della DTD. Questo obiettivo stabilisce che XML-Data, fornirà una funzionalità simile, ottenuta mediante l'utilizzo dello spazio dei nomi negli schemi XML-Data.
6. **XML-Data deve essere totalmente compatibile con XML 1.0.** Lo scopo di questo obiettivo è minimizzare i problemi relativi al superamento delle tecnologie dovuto a nuove versioni o a aggiornamenti della tecnologia stessa. Lo scopo è diffondere l'utilizzo di XML-Data, grazie anche al fatto che utilizza la sintassi XML. Questo obiettivo ne amplia il campo di azione poiché prevede che XML-Data sia compatibile con XML 1.0.

LINGUAGGIO SCHEMA XML-DATA

Qualsiasi schema di XML-Data è un documento XML ben formato e, in quanto tale, può costituire anche un documento XML valido. Il linguaggio XML-Data si basa sulla DTD XML-Data. Un documento può essere valido, se fa riferimento a tale DTD, ma risulta un documento ben formato anche se è conforme alla specifica XML-Data, nonostante nel prologo non vi sia alcun riferimento della DTD.

STRUTTURA DEL DOCUMENTO DELLO SCHEMA

Un documento XML di base è composto da un prologo e da un elemento Document. Anche il documento dello schema XML-Data è composto da questi componenti. Esiste tuttavia una differenza tra i due, ossia che un documento dello schema non contiene alcuna DTD. La struttura del documento è infatti definita all'interno di un elemento Schema che costituisce l'elemento Document, o Root, in una definizione di schema.

Questo documento può essere utilizzato nel seguente modo:

```
<?xml version="1.0"?>
<Schema name="nomeschema" xmlns="urn:schemas-microsoft-com:xml-data">
 <!-- Qui vi sono le dichiarazioni -->
 <ElementType name="nomeelemento" content="tipocontent"/>
</Schema>
```

L'elemento Schema deve essere derivato dallo spazio del nome *xml-data urn:schemas-microsoft-com:xml-data*. Non è necessario dichiarare lo spazio del nome nel prologo dello schema.

Le dichiarazioni dello schema possono avere aree di validità diverse. Questo significa che possono essere sia dichiarazioni di primo livello sia dichiarazioni di livello locale.

L'*area di validità* di una dichiarazione identifica dove e come viene utilizzato un elemento dichiarato all'interno di un documento dello schema.

DICHIARAZIONI DI PRIMO LIVELLO

Le dichiarazioni di primo livello includono qualsiasi tipo di elemento o di attributo dichiarato all'interno dell'elemento Schema. I tipi di elemento o attributo dichiarati nell'area di validità di primo livello possono essere indicati nella dichiarazione del contenuto di altri tipi di elemento presenti nello stesso schema. Ad esempio, nello schema che segue, il *nome* del tipo di elemento è dichiarato al primo livello e ne facciamo riferimento anche nella dichiarazione del tipo di elemento *Plant*:

```
<Schema name="wildflowers" xmlns="urn:schemas-microsoft-com:xml-data">
 <ElementType name="name" content="textOnly"/>
 <ElementType name="plant">
  <element type="name"/>
 </ElementType>
</Schema>
```

DICHIARAZIONI DI LIVELLO LOCALE

Una dichiarazione che appare all'interno di un'altra dichiarazione, che non è di primo livello, è considerata di area di validità di livello locale. E' possibile fare riferimento alla dichiarazione di livello locale solo all'interno della dichiarazione in cui è contenuta. Ad esempio, se aggiungiamo una dichiarazione dell'attributo di livello locale alla dichiarazione del tipo di elemento *Plant* otteniamo quanto segue:

```
<Schema name="wildflowers" xmlns="urn:schemas-microsoft-com:xml-data">
 <ElementType name="name" content="textOnly"/>
 <ElementType name="plant">
  <element type="name"/>
  <attribute name="bestseller" values="yes no"/>
 </ElementType>
</Schema>
```

L'attributo *bestseller* può essere utilizzato solo nella dichiarazione del tipo di elemento *Plant*.

DICHIARAZIONI DEL TIPO DI ELEMENTO

Il tipo di elemento è dichiarato nell'elemento ElementType. Ogni dichiarazione del tipo di elemento deve includere un attributo *Name*, che definisce il tipo di elemento. Ad esempio. La dichiarazione del tipo di elemento riportata di seguito dichiara un tipo di elemento con il nome *Plant*:

<ElementType name="plant">

Il tipo di contenuto di elemento può essere dichiarato con l'attributo *content*. In questo modo il contenuto dell'elemento è vincolato al tipo specificato.

TIPO DI CONTENUTO

Ogni tipo di elemento può contenere una delle quattro categorie relative al contenuto: vuoto, solo testo, solo sottoelementi o una combinazione di testo e sottoelementi. I valori possibili sono i seguenti:

- *empty* - non contiene alcun tipo di contenuto
- *textOnly* - contiene solo testo
- *eltOnly* - contiene solo sottoelementi
- *mixed* - contiene una combinazione di testo e sottoelementi

Oltre ai vincoli relativi al contenuto, una dichiarazione del tipo di elemento può anche specificare il pattern in cui gli elementi nella dichiarazione appaiono, utilizzando l'attributo *order*.

ORDINAMENTO DEL CONTENUTO

L'attributo *order* vincola il pattern per i tipi di elementi dichiarati in una dichiarazione del tipo di elemento. I valori possibili sono i seguenti:

- *seq* - Gli elementi devono apparire nella stessa sequenza degli elementi a cui si fa riferimento nella dichiarazione del tipo di elemento. Questo è il pattern predefinito per il contenuto *eltOnly*.
- *one* - Un sottoelemento del tipo dichiarato nella dichiarazione del tipo di elemento deve essere contenuto nell'elemento principale.
- *all* - Un elemento di ogni tipo dichiarato nella dichiarazione del tipo di elemento deve comparire come sottoelemento, ma i sottoelementi possono avere un ordine qualsiasi.
- *many* - Ciascuno degli elementi dichiarati nella dichiarazione del tipo di elemento può avere un ordine qualsiasi. Questo è il pattern predefinito per il contenuto *mixed*.

L'esempio seguente mostra la dichiarazione del tipo di elemento *Plant*, che contiene i sottoelementi che devono essere ordinati in modo sequenziale:

```
<ElementType name="name" content="textOnly"/>
<ElementType name="growth" content="mixed"/>
<ElementType name="saleinfo" content="mixed"/>
```

```
<ElementType name="plant" content="eltOnly" order="seq">
 <element type="name"/>
 <element type="growth"/>
 <element type="saleinfo"/>
</ElementType>
```

E' possibile applicare altri vincoli raggruppando i riferimenti degli elementi mediante l'elemento Group. Questo elemento supporta l'attributo *order* con gli stessi valori utilizzati per l'elemento ElementType. Ecco un esempio che utilizza l'elemento Group:

```
<ElementType name="name" content="textOnly"/>
<ElementType name="zone" content="textOnly"/>
<ElementType name="light" content="textOnly"/>
<ElementType name="price" content="textOnly"/>
<ElementType name="plant" content="eltOnly" order="seq">
 <element type="name"/>
 <group order="one">
  <element type="zone"/>
  <element type="light"/>
  <element type="price"/>
 </group>
</ElementType>
```

In questo caso il tipo di elemento *Plant* deve contenere un nome a cui deve seguire uno degli elementi Zone, Light o Price.

QUANTITA' DI ELEMENTI E GRUPPI

Come nelle DTD XML, è possibile applicare vincoli in modo da determinare la posizione e il numero delle volte in cui un elemento o un gruppo può essere ripetuto all'interno di un documento. Gli attributi *minOccurs* e *maxOccurs* possono essere specificati negli elementi Element e Group. L'attributo *minOccurs* specifica il numero minimo delle ripetizioni di un elemento, mentre *maxOccurs* quello massimo. Nella seguente tabella indichiamo le possibili combinazioni di valori per gli attributi *minOccurs* e *maxOccurs* con i relativi significati:

minOccurs	maxOccurs	Numero di ripetizioni dell'elemento o del gruppo
1 o non specificato	1 o non specificato	1 (Necessario)
0	1 o non specificato	0 o 1 (opzionale)
Maggiore di 1	Maggiore di n	Almeno *minOccurs* ripetizione, ma non più di *maxOccurs*
Maggiore di 1	Minore di 1	0
0	"*"	Qualsiasi numero di ripetizioni
1	"*"	Almeno un'occorrenza
Maggiore di 0	"*"	Almeno *minOccurs* ripetizioni
Qualsiasi valore	0	0

Il valore predefinito per ambedue gli attributi minOccurs e maxOccurs è 1. Questo significa che, se non specificato diversamente, gli elementi devono occorrere una sola volta all'interno di un determinato tipo di elemento. Nell'esempio che segue il gruppo deve occorrere almeno una volta, quindi anche più volte:

```
<ElementType name="name" content="textOnly"/>
<ElementType name="zone" content="textOnly"/>
<ElementType name="light" content="textOnly"/>
<ElementType name="price" content="textOnly"/>
<ElementType name="plant" content="eltOnly" order="seq">
 <element type="name"/>
 <group minOccurs="1" maxOccurs="*" order="one">
  <element type="zone"/>
  <element type="light"/>
  <element type="price"/>
 </group>
</ElementType>
```

DICHIARAZIONI DEL TIPO DI ATTRIBUTO

Un tipo di attributo viene dichiarato all'interno di un elemento AttributeType. XML-Data supporta gli stessi tipi di attributo disponibili nella DTD XML.

ELEMENTI AttributeType

Come per l'elemento ElementType, in ogni elemento AttributeType deve essere specificato un nome. Le dichiarazioni del tipo di attributo sono di primo livello e indipendenti dalle dichiarazioni del tipo di elemento. Si può fare riferimento in qualsiasi dichiarazione del tipo di elemento. Eccone un esempio:

```
<AttributeType name="bestseller"/>
<ElementType name="plant">
 <attribute type="bestseller"/>
</ElementType>
```

VALORI PREDEFINITI

Un riferimento o una dichiarazione di un tipo di attributo può includere anche un attributo *default*, che indica il valore predefinito dell'attributo. Ad esempio, nello schema che segue, l'attributo *default* è incluso nella dichiarazione del tipo di attributo:

```
<AttributeType name="bestseller" default="yes"/>
<ElementType name="plant">
 <attribute type="bestseller"/>
</ElementType>
```

In questo modo viene specificato che il valore dell'attributo *default* verrà applicato ogniqualvolta il tipo di attributo viene utilizzato in un elemento.

ATTRIBUTO required

Un riferimento o una dichiarazione del tipo di attributo può contenere un attributo *required* che specifica se è necessario che l'attributo abbia un valore.

```
<ElementType name="plant">
 <attribute type="bestseller" default="no" required="yes"/>
</ElementType>
```

TIPI DI DATI

XML-Data supporta una gamma di tipi di dati più vasta rispetto ai 10 tipi di dati dell'XML. Come gli schemi sono definiti dallo spazio dei nomi *xml-data*, allo stesso modo i tipi di dati sono definiti dallo spazio dei nomi *datatypes*, come il seguente esempio:

```
<Schema name="wildflowers" xmlns="urn:schemas-microsoft-com:xml-data"
 xmlns:dt="uuid:C2F41010-65B3-11d1-A29F-00AA00C14882">

 <AttributeType name="dateorder"/>
```

```
<ElementType name="plant">
 <attribute type="dateorder"/>
</ElementType>
</Schema>
```

ATTRIBUTO type

Un tipo di dati viene definito riferendosi ad esso con l'attributo *type* nello spazio dei nomi *datatypes*. Nell'esempio seguente, viene specificato un tipo di dati per il tipo di attributo *dateorder*:

```
<AttributeType name="dateorder" dt:type="dateTime"/>
 <ElementType name="plant">
  <attribute type="dateorder"/>
</ElementType>
```

I tipi di dati degli elementi più usati sono:

- char
- string
- int
- float
- boolean
- number
- uri
- uuid

VINCOLI DEI TIPI DI DATI

E' possibile applicare vincoli a valori dei tipi di dati. I vincoli facilitano l'identificazione del tipo dei dati contenuti in un elemento o attributo.

min e max Gli attributi *min* e *max* definiscono i limiti e superiori inclusi relativi ai dati contenuti in un elemento o attributo.

enumeration A volte è necessario enumerare i valori di un elemento o attributo. Questo è possibile mediante il tipo di dati *enumeration* e l'attributo *values*.

maxLength L'attributo *maxLength* specifica la lunghezza del valore in numero di caratteri.

FUNZIONAMENTO DEGLI SCHEMI

Dal momento che uno degli obiettivi principali di XML-Data è di fornire una valida alternativa alle DTD, riprendiamo l'esempio di DTD del messaggio di posta elettronica e trasformiamolo in uno schema XML-Data. In questo modo sarà possibile evidenziare le corrispondenze tra DTD e schemi.

MESSAGGIO DI POSTA ELETTRONICA

```
<?xml version="1.0"?>
<!DOCTYPE EMAIL SYSTEM "my.dtd">

<EMAIL LANGUAGE="Western" ENCRYPTED="128" PRIORITY="HIGH">
 <TO>Marco@msn.com</TO>
 <FROM>&SIGNATURE;@msn.com</FROM>
 <CC>Giuseppe@msn.com</CC>
 <BCC>Naomi@msn.com</BCC>
 <SUBJECT>Congratulazioni</SUBJECT>
 <BODY>
  Ciao, questo e' un esempio
           di file XML !
 </BODY>
</EMAIL>
```

Il documento contiene attributi, entità interne e riferimenti alla DTD nel prologo.

DTD

Una delle operazioni che verranno effettuate sarà la sostituzione della DTD con uno schema. Prima di tutto sarà necessario rivedere la DTD:

```
<?xml version="1.0"?>
<!ELEMENT EMAIL (TO+, FROM, CC*, BCC*, SUBJECT?, BODY?)>
<!ATTLIST EMAIL
 LANGUAGE (Western|Greek|Latin|Universal) "Western"
 ENCRYPTED CDATA #IMPLIED
 PRIORITY (NORMAL|LOW|HIGH) "NORMAL">
<!ELEMENT TO (#PCDATA)>
<!ELEMENT FROM (#PCDATA)>
<!ELEMENT CC (#PCDATA)>
<!ELEMENT BCC (#PCDATA)>
<!ATTLIST BCC
 HIDDEN CDATA #FIXED "TRUE">
<!ELEMENT SUBJECT (#PCDATA)>
```

```
<!ELEMENT BODY (#PCDATA)>
<!ENTITY SIGNATURE "Flavio">
```

Sarà necessario incorporare alcuni elementi della DTD nello schema. Oltre a definire la struttura generale di un messaggio di posta elettronica, il DTD contiene altri elementi specifici.

- L'elemento To è dichiarato con un segno (+), a indicare che dovrà occorrere una o più volte.
- L'elemento From è dichiarato senza alcun simbolo, a indicare che dovrà occorrere una sola volta.
- Gli elementi Cc e Bcc sono dichiarati con un asterisco (*), a indicare che gli elementi sono opzionali, ma possono occorrere più di una volta.
- Gli elementi Subject e Body sono dichiarati con un punto di domanda (?), a indicare che gli elementi sono opzionali, ma possono essere ripetuti più di una volta.
- Gli elementi Email e Bcc hanno attributi associati, con valori predefiniti.
- La maggior parte degli elementi sono dichiarati come elementi di testo (*#PCDATA*).
- L'entità *Signature* è dichiarata e contiene un valore.

Gli elementi indicano quanto è necessario per creare un documento dello schema che soddisfi i criteri di corrispondenza con la DTD. L'ultimo elemento necessario per utilizzare questi esempi è una pagina XSL utilizzata come modello per visualizzare i dati.

PAGINA XSL

La pagina XSL utilizzata per visualizzare il contenuto XML è la seguente:

```
<?xml version="1.0"?>
<xsl:template xmlns:xsl="uri:xsl">
 <DIV STYLE="font-weight:bold;font-size:20">
  To:
  <SPAN STYLE="font-weight:normal;color:red">
   <xsl:value-of select="EMAIL/TO"/>
  </SPAN>
 </DIV>
 <BR></BR>
 <DIV STYLE="font-weight:bold;font-size:20">
  From:
  <SPAN STYLE="font-weight:normal;color:red">
```

```
  <xsl:value-of select="EMAIL/FROM"/>
 </SPAN>
</DIV>
<BR></BR>
<DIV STYLE="font-weight:bold;font-size:20">
 Cc:
 <SPAN STYLE="font-weight:normal;color:red">
 <xsl:value-of select="EMAIL/CC"/>
 </SPAN>
</DIV>
<BR></BR>
<DIV STYLE="font-weight:bold;font-size:20">
 Subject:
 <SPAN STYLE="font-weight:normal;color:red">
  <xsl:value-of select="EMAIL/SUBJECT"/>
 </SPAN>
</DIV>
<HR></HR>
<SPAN STYLE="font-style:italic;font-size:32;color:orange">
 <xsl:value-of select="EMAIL/BODY"/>
</SPAN>
</xsl:template>
```

La visualizzazione del documento è la seguente:

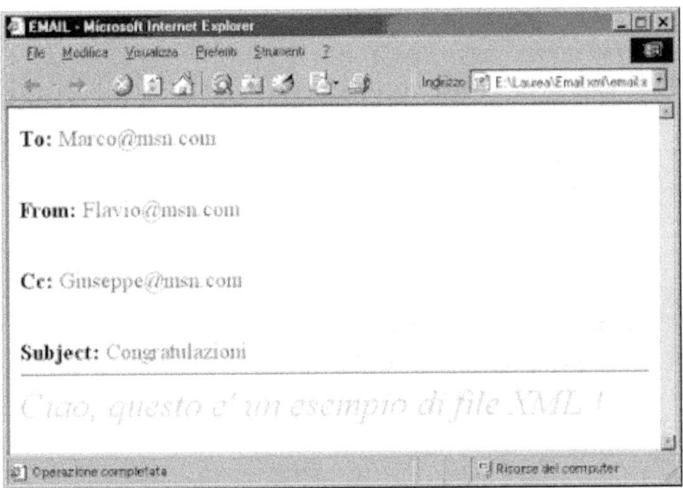

SCHEMA

A questo punto procediamo con la creazione dello schema. E' necessario innanzitutto creare il documento dello schema. Le regole semantiche e strutturali dovranno essere le stesse utilizzate nella DTD. L'esempio seguente contiene il codice dello schema:

```
<?xml version="1.0"?>
<Schema name="email" xmlns="urn:schemas-microsoft-com:xml-data"
 xmlns:dt="urn:schemas-microsoft-com:datatypes">
 <AttributeType name="language" dt:type="enumeration"
  dt:values="Western Greek Latin Universal"/>
 <AttributeType name="encrypted"/>
 <AttributeType name="priority" dt:type="enumeration"
 dt:values="NORMAL LOW HIGH"/>
 <AttributeType name="hidden" default="true"/>
 <ElementType name="to" content="textOnly"/>
 <ElementType name="from" content="textOnly"/>
 <ElementType name="cc" content="textOnly"/>
 <ElementType name="bcc" content="mixed">
  <attribute type="hidden" required="yes"/>
 </ElementType>
```

```
 <ElementType name="subject" content="textOnly"/>
 <ElementType name="body" content="textOnly"/>
 <ElementType name="email" content="eltOnly">
  <attribute type="language" default="Western"/>
  <attribute type="encrypted"/>
  <attribute type="priority" default="NORMAL"/>
  <element type="to" minOccurs="1" maxOccurs="*"/>
  <element type="from" minOccurs="1" maxOccurs="1"/>
  <element type="cc" minOccurs="0" maxOccurs="*"/>
  <element type="bcc" minOccurs="0" maxOccurs="*"/>
  <element type="subject" minOccurs="0" maxOccurs="1"/>
  <element type="body" minOccurs="0" maxOccurs="1"/>
 </ElementType>
</Schema>
```

Lo schema è molto diverso dalla DTD, tuttavia si tratta sempre di codice XML, per cui la sintassi e l'impostazione sono familiari. A questo punto controlliamo il codice in base al seguente elenco di requisiti.

L'elemento To è dichiarato in modo che sia ripetuto una o più volte. I riferimenti all'elemento To sono gli attributi *minOccurs*="1" e *maxOccurs*="*", che indicano che l'elemento deve occorrere almeno una volta e che il numero di ripetizioni è illimitato.

L'elemento From è dichiarato in modo che occorra una sola volta. I riferimenti all'elemento From sono *minOccurs*="1" e *maxOccurs*="1", che indicano che l'elemento deve occorrere una sola volta.

Gli elementi Cc e Bcc sono dichiarati in modo che gli elementi siano opzionali e occorrano più di una volta. Ambedue gli elementi devono contenere gli attributi *minOccurs*="0" e *maxOccurs*="*", che indicano che sono opzionali e che il numero di occorrenze è illimitato.

Gli elementi Subject e Body sono dichiarati in modo che gli elementi siano opzionali e che possano occorrere una sola volta. Gli attributi *minOccurs*="0" e *maxOccurs*="1" indicano che gli elementi sono opzioni e che possono apparire una sola volta.

Gli elementi Email e Bcc hanno attributi associati, con valori predefiniti dove necessario. I tipi di attributi sono dichiarati nel livello superiore del documento e vi viene fatto riferimento nelle rispettive dichiarazioni dei tipi di elemento. Non occorre dichiarare i tipi di attributi al livello superiore, poiché è sufficiente che siano dichiarazioni a livello locale.

La maggior parte degli elementi è dichiarata come elementi di testo. La maggior parte delle dichiarazioni include l'attributo content*"textOnly"*, che indica che esse contengono solo testo. L'eccezione è rappresentata dall'elemento Email, che contiene solo sottoelementi, e dall'elemento Bcc, che contiene un attributo oltre al testo.

L'entità Signature è dichiarata e contiene un valore. Le entità non sono ancora supportate negli schemi XML-Data, per cui non è necessario aggiungere nulla.

Se lo schema soddisfa tutti i requisiti relativi al messaggio di posta elettronica, è possibile passare alla modifica dell'elemento XML per utilizzarlo con lo schema, nel modo seguente:

```
<?xml version="1.0"?>
<em:email xmlns:em="x-schema:myschema.xml" language="Western"
  encrypted="128" priority="HIGH">
 <em:to>Marco@msn.com</em:to>
 <em:from>Flavio@msn.com</em:from>
 <em:cc>Giuseppe@msn.com</em:cc>
 <em:subject>Congratulazioni</em:subject>
 <em:body>Ciao, questo e' un esempio di file</em:body>
</em:email>
```

In questo modo è possibile notare due importanti differenze rispetto alla versione DTD nel documento XML. Innanzitutto, invece del riferimento alla DTD nel prologo, nell'elemento *em:email* è presente lo spazio del nome dello schema. Inoltre nel documento tutti i tag degli elementi contengono il prefisso *em*, che li identifica come parte di un namespace associato. Ad eccezione di queste due piccole ma importanti differenze, il documento è fondamentalmente lo stesso utilizzato per l'esempio del messaggio di posta elettronica iniziale. Le regole strutturali del documento sono uguali perché da un punto di vista funzionale lo schema corrisponde alla DTD creata precedentemente. Per formattare il documento XML, viene utilizzato lo stesso foglio di stile XSL del messaggio di posta elettronica con l'unica differenza che nei pattern viene inserito il prefisso *em*.

```
<?xml version="1.0"?>
<xsl:template xmlns:xsl="uri:xsl">
 <DIV STYLE="font-weight:bold;font-size:20">
  To:
```

```
 <SPAN STYLE="font-weight:normal;color:red">
  <xsl:value-of select="em:email/em:to"/>
 </SPAN>
</DIV>
<BR></BR>
<DIV STYLE="font-weight:bold;font-size:20">
 From:
 <SPAN STYLE="font-weight:normal;color:red">
   <xsl:value-of select="em:email/em:from"/>
 </SPAN>
</DIV>
<BR></BR>
<DIV STYLE="font-weight:bold;font-size:20">
 Cc:
 <SPAN STYLE="font-weight:normal;color:red">
  <xsl:value-of select="em:email/em:cc"/>
 </SPAN>
</DIV>
<BR></BR>
<DIV STYLE="font-weight:bold;font-size:20">
 Subject:
 <SPAN STYLE="font-weight:normal;color:red">
  <xsl:value-of select="em:email/em:subject"/>
 </SPAN>
</DIV>
<HR></HR>
<SPAN STYLE="font-style:italic;font-size:32;color:orange">
 <xsl:value-of select="em:email/em:body"/>
</SPAN>
</xsl:template>
```

E' possibile notare che nonostante il codice sia molto diverso rispetto ai documenti di origine, il risultato è pressoché lo stesso. Inoltre si ottiene un documento convalidato con i vantaggi offerti da uno schema, invece di una DTD, insieme alle potenzialità e alla flessibilità dell'XSL per la formattazione.

CONCLUSIONI

L'enorme sviluppo di Internet degli ultimi anni ha creato un interesse sempre maggiore verso questa tecnologia. Sempre più persone utilizzano la rete per lavorare, comunicare, giocare, comprare, cercare informazioni di ogni genere. Grazie alla sua interfaccia attraente e amichevole, il World Wide Web è lo strumento di Internet più utilizzato. La grande eterogeneità dei servizi che deve fornire, ha messo in crisi l'HTML, il linguaggio utilizzato per condividere le informazioni nel WWW. L'origine di tale crisi è da ricercarsi nel fatto che l'HTML è un linguaggio non estensibile e quindi incapace di adattarsi a tutti i compiti che è chiamato a risolvere. Per questo motivo è stato creato un nuovo linguaggio, l'XML, che ha come punto di forza proprio la capacità di essere estensibile, quindi di permettere ai progettisti di documenti di gestire fonti multiple di dati e di creare ambienti personalizzati per tipi speciali di dati.

L'analisi svolta ha riguardato i seguenti punti:

- L'importanza dell'XML: partendo dai limiti dell'HTML, si è cercato di capire quali sono i punti di forza dell'XML, e come questo linguaggio potrebbe risolvere molti dei problemi presenti nel Web.
- Le basi dell'XML: dalla specifica del linguaggio si è cercato di capire come costruire e utilizzare nel Web documenti XML.
- L'utilizzo del linguaggio XML: dalla definizione di metalinguaggio si è cercato di capire come ampliare i documenti XML con altri linguaggi derivati quali l'XLL, l'XSL e l'XML-Data.
- Le applicazioni dell'XML: sono state studiate due applicazioni che si basano sull'XML: il CDF e lo SMIL.

Dall'analisi svolta sono emersi i seguenti importanti fattori:

- La semplicità del linguaggio XML: le descrizioni della sintassi nella specifica XML utilizza una grammatica formale concisa, semplice da capire e facile da trasformare in codice di programmazione.
- La semplicità dei documenti XML: il concetto di documento ben formattato consente l'immediata comprensione della struttura dati presente nel documento stesso. L'estensibilità dei tag permette di comprendere in modo semplice e intuitivo il significato dei dati presenti nel documento. Questi due aspetti sono molto utili sia per le applicazioni che per gli sviluppatori software.
- La semplicità degli strumenti software XML: il software XML menzionato in precedenza è tutto scritto in Java. Questo semplifica molto la codifica di tali strumenti;

inoltre, visto l'ambiente in cui si trovano ad operare, è molto importante che la dimensione sia contenuta (si pensi infatti ad un applet Java che deve essere scaricato assieme al dati). Pur essendo gli strumenti analizzati molto semplici, è prevedibile che in futuro anche applicazioni più complesse rimangano aderenti a questa filosofia.
È chiaro allora che il grosso punto di forza del linguaggio rispetto ad altri dello stesso tipo è la sua grande semplicità. Questo non è un caso visto che l'XML è un sottoinsieme dell'SGML, linguaggio molto potente e flessibile, ma anche molto complicato e difficile. L'XML unisce la potenza e la flessibilità dell'SGML, con la semplicità e la facilità d'uso.
Le classi di applicazioni che trarranno il maggior beneficio dall'XML sono lo scambio dei dati e la costruzione di pagine Web.
Questo nuovo linguaggio avrà probabilmente un impatto deciso nel campo di Internet nel prossimo futuro e cambierà completamente lo scenario a cui gli utenti sono ora abituati.

IL PROCESSORE XML

Un processore XML è un modulo software utilizzato per leggere documenti XML e verificare che soddisfino la specifica XML. La sua funzione principale consiste nell'analisi e nella convalida dei dati XML. Un processore XML fornisce anche il contenuto di un documento ad una eventuale applicazione; questo vuol dire che una qualsiasi applicazione che deve interagire con documenti XML deve avere al suo interno un processore XML. Un processore può essere utilizzato in modo standalone, per verificare che un documento appena scritto soddisfi la specifica XML, quindi che sia o ben formattato (se non è accompagnato da nessun DTD) o valido (se è accompagnato da DTD). È dunque uno strumento necessario per chi scrive file XML in generale.
Per indicare al processore a quale specifica un documento si riferisce bisogna sempre indicare nella prima istruzione il numero di versione di tale specifica:

```
<?xml version="1.0"?>
```

Chiaramente un processore segnala errore se riceve un documento con un numero di versione che non supporta.
In generale gli errori che un processore riporta sono di due tipi:

- *Error*: violazione di una regola della specifica; il processore notifica all'applicazione l'errore rilevato e continua sia ad analizzare il documento, sia a fornirne il contenuto all'applicazione; è quest'ultima che deve decidere il comportamento rispetto all'errore (ignorarlo, cercare di correggerlo, etc.).

- *Fatal error*: grave violazione di una regola della specifica; il processore notifica all'applicazione l'errore rilevato e può o meno continuare l'analisi del documento per cercare altri errori; non deve però continuare a fornire il contenuto del documento all'applicazione.

Ad esempio una violazione di un vincolo espresso in un DTD (chiaramente non il DTD dell'XML, ma un DTD scritto dall'utente) è considerata un "error"; una violazione di una regola di buona formattazione è invece considerata un "Fatal error" (violare una regola di buona formattazione vuol dire violare un vincolo espresso nel DTD dell'XML).

Ci sono due tipi di processori XML: *validating* e *non-validating* (in genere un processore di tipo validating viene chiamato *parser*). Sia i processori validating che quelli non-validating, devono riportare le violazioni delle regole di buona formattazione incontrate nell'entità documento ed in generale in una qualsiasi entità parsed. Un processore validating deve anche riportare le violazioni dei vincoli espressi attraverso le dichiarazioni nel DTD; per far questo deve poter leggere e processare l'intero DTD. Un processore non-validating deve poter accedere all'intera entità documento, incluso l'eventuale DTD interno (ma solo per verificare che anche questa parte del documento sia ben formattata); quest'ultimo fornisce vantaggi nelle prestazioni dato che non deve leggere ed elaborare la DTD.

Allo stato attuale sono disponibili alcuni processori di pubblico dominio (shareware e freeware) che possono essere utilizzati in modo standalone. La maggior parte degli elaboratori disponibili viene creata mediante il linguaggio di programmazione Java e anche le applicazioni tendono ad essere più lente rispetto alle applicazioni basate su C++; Java consente spesso di utilizzare piattaforme multiple.

Per controllare che gli esempi forniti in questa tesi fossero conformi alle specifiche XML, ho utilizzato il processore fornito dalla Microsoft, l'elaboratore Msxml. Microsoft Internet Explorer è dotato di un elaboratore di XML incorporato. Questo elaboratore, Msxml, è progettato come componente di Windows e può essere utilizzato come controllo Active X nelle pagine Web o nelle applicazioni di Visual Basic o C++. Microsoft ha inoltre contribuito allo sviluppo di un elaboratore di XML su Java.

ACCESSO AI DATI USANDO HTTP

La base dati è stata implementata utilizzando il DBMS Microsoft SQL Server 2000. La scelta è ricaduta su questo DBMS perché ben gestisce la possibilità di collegare i dati con l'HTTP, utilizzando ovviamente il software sempre Microsoft IIS (Internet Infomation Server) per pubblicare le pagine.

Per poter effettuare le query, occorre che il sul server venga creata una directory virtuale. Dopo di che si può interrogare la base dati direttamente utilizzando SQL tramite un URL, per esempio: http://IISServer/pc?sql=SELECT +*+FROM+tabella+FOR+XML+AUTO

La clausola FOR XML restituisce il risultato a un documento XML precedentemente formattato. Altrimenti è possibile anche specificare i templates, ossia dei documenti XML che contengono una o più istruzioni SQL, in questo caso non è necessario specificare direttamente la query nell'URL.

Si possono anche specificare direttamente degli oggetti del database o addirittura eseguire delle Store Procedures usando HTTP.

L'architettura che viene implementata per effettuare questo metodologia d'accesso si chiama: Tree-Tier System Architecture.

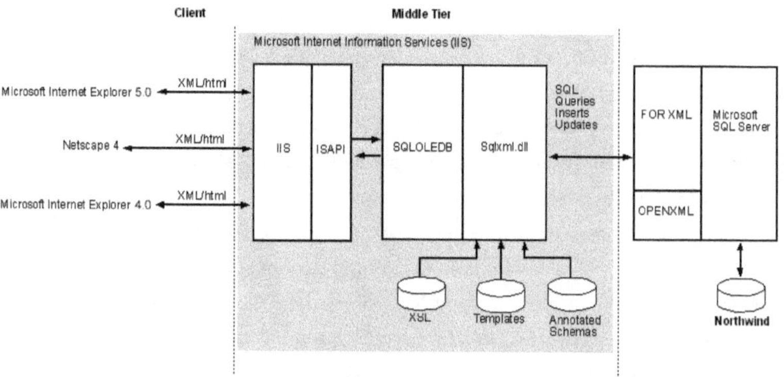

La parte centrale è l'IIS (Microsoft Internet Infomation System) server sul quale prima deve essere creata una directory virtuale usando l'IIS Virtual Directory Management per SQL Server. Il nome del server indicato nell'URL identificato il server IIS. Il server esamina la cartella principale specificata nell'URL e detemina quale estensione è

interessata. Questa comunica con l'OLE DB Provider di SQL Server (SQLOLEDB) e stabilisce una connessione con l'istanza di SQL Server identificato nella cartella virtuale.
L'intera funzionalità di XML è implementata in SQLXMLX. Quando SQLOLEDB determina che il comando è un comando XML, il provider passa il comando, il quale lo esegue e restituisce il risultato a SQLOLEDB.
Il file template, XML-Data Reduce (XDR) schema files, e gli Extensible Stylesheet Language (XSL) files risiedono sul IIS server. L'Xpath queries a le XDR schemas sono implementate da IIS.

Analisi del Progetto

INTRODUZIONE

La procedura è stata studiata cercando di far coniugare alla struttura del modello operativo descritto la facilità di utilizzo ed immediatezza del prodotto per sopperire alle problematiche derivanti dal fatto che spesso ci si trova di fronte ad utenti inesperti sia dal punto di vista informatico che di protezione civile.

Il programma si presenta come una struttura top-down divisa in tre aree.

La prima: Schede Raccolta Dati

> Elenca ed aggiorna tutte le risorse collegate alla struttura di protezione civile e le mantiene divise per tipologia (Enti ed Esperti, Invalidi, Strutture Sanitarie, ecc.).

La seconda: Scenari di Rischio

> Permette la catalogazione degli scenari di rischio prevedibili nel proprio ambito, e tutta la sequenza di operazioni da effettuare Fasi > Funzione > Risorsa e Documento.

La terza: Protocollo d'Emergenza

> Permette di registrare tutte le operazioni che si effettuano nella situazione di crisi, cioè ad evento accaduto, seguendo lo stesso schema dello scenario di rischio, qualora fosse già definito, oppure creandone uno ad hoc.

Un'altra area contiene le tabelle aggiornabili: Cartografie, Documenti, Rischi e Zone.

I PARTE - SCHEDE RACCOLTA DATI.

Questa area consente di interagire con le tabelle che contengono le schede raccolta dati contenute nello studio di fattibilità sopra descritto. Cioè:

Scheda A – Enti ed Esperti

Scheda B – Invalidi

Scheda C – Strutture Sanitarie

Scheda D – Materiali e Mezzi

Scheda E – Aree e Strutture Ricettive

Scheda F – Edifici Strategici, di Interesse Pubblico e Infrastrutture.

Tutte le Schede contengono una parte generale, relativa alle informazioni comuni, descrizione, indirizzo recapiti e zone di competenza, per cui il primo menu corrisponde all'elenco di tutte le risorse e consente di accedere e modificare tali informazioni.

Mentre ci sono altri 6 elenchi, uno per ogni tipologia, che visualizzano le singole risorse associate al tipo e consentono la visualizzazione (totale) e aggiornamento delle sole informazioni caratteristiche del tipo risorsa.
Questi elenchi hanno messo ben in evidenza la data di aggiornamento o verifica appunto per sottolineare l'importanza dell'aggiornamento delle schede.

II PARTE - SCENARI DI RISCHIO.
In quest'area è possibile inserire, visualizzare ed aggiornare, i possibili scenari di rischio, ovviamente rischi prevedibili, utili al momento dell'emergenza come base per attivare il protocollo operativo.
Questa parte è stata sviluppata a "step", in quanto questa tipologia è esattamente quella che ricalca il modello Augustus, ossia:
una volta classificato lo scenario di rischio, si passa alla successiva definizione delle fasi che possono scaturire da un analisi del fenomeno (Preallarme, Allarme, Attenzione ed Emergenza);
per ogni fase è possibile attivare o meno le Funzioni di Supporto (vedi elenco parte Studio di Fattibilità);
ad ogni Funzione, a seconda delle disponibilità del Sindaco e dell'organizzazione del Sistema di Protezione Civile;
può scaturire l' occupazione di una o più risorse, oppure l'emissione di atto/ordinanza/delibera/ecc. che il Sindaco inoltra a un altro Ente.
In pratica si traccia il percorso che può essere eseguito in fase di emergenza e le varie azioni che occorre effettuare.
Per questo motivo è incluso un programma di visualizzazione che sfrutta la struttura ad albero e permette una visita che partendo dalla radice apre ogni volta una sottoarea fino ad arrivare alle foglie che rappresentano le risorse e i documenti.
Per una maggiore utilità sono state aggiunte due informazioni pratiche, la possibilità di abbinare una cartografia ad una determinata risorsa e il modello di documento all'atto da emettere. Questa facilitazione permette nella terza parte, quella operativa, un'interazione diretta con queste ulteriori informazioni attraverso il loro percorso di ricerca.

III PARTE – PROTOCOLLO DI EMERGENZA.
Questa parte rappresenta in pratica il diario delle operazioni svolte. Anche in questo caso il modello utilizzato per rappresentare le varie azioni è come quello degli scenari di

rischio. Infatti il protocollo d'emergenza prevede la definizione dell'evento accaduto e una possibile classificazione del tipo di rischio. A questo punto i passi successivi, che si susseguono come nella definizione dello scenario di rischio, suggeriscono eventualmente un percorso da seguire (qualora fosse stato previsto) ma non vincolante, altrimenti è possibile costruirne un ad hoc per l'evento in oggetto.
Quindi anche qui è possibile esplodere le varie informazioni legate fra loro.
La differenza sostanziale fra lo scenario di rischio e il protocollo d'emergenza è la presenza delle date di apertura o attivazione che rappresenta il calendario di ciò che è stato fatto, per quanto riguarda le fasi c'è anche la data di chiusura di una fase.
Ogni passaggio è corredato anche da un campo flag che rappresenta lo stato di una operazioni, cioè se è stata conclusa o è ancora in corso.
In questa parte della procedura manca una funzione, la cancellazione dei dati, questa caratteristica è il vincolo che la procedura impone per evitare correzioni a posteriori e quindi modifiche al protocollo d'emergenza. Questo vincolo porta quindi ad una forzatura da parte dell'utente di dover attivare le funzioni utili e di rilasciarle al momento di non utilizzo, e quindi facilmente rappresentabile l'eventuale responsabilità od omissione.
Anche questa parte è corredata da un programma che visualizza tutto il protocollo in modo dinamico esplodendo le varie aree.
Le due operazioni che concludono ogni azione, cioè l'occupazione di una risorsa e l'emissione di un atto, qui sono arricchite da una funzionalità ciascuna, e cioè:
per quanto riguarda la prima la possibilità di visualizzare e stampare direttamente dal programma la cartografica eventualmente associata alla risorsa,
mentre per la seconda la possibilità di vedere, stampare e modificare il documento che è stato emesso.
Ogni passo utilizza i dati previsti dallo scenario di rischio, se è presente, e propone anche tutti gli altri, ma comunque vincola la possibilità di effettuare altre operazioni nel momento in cui una operazione è dichiarata conclusa e non ne è stata aperta un'altra.

REQUISITI

WEB SERVER SOFTWARE:
Microsoft Windows 2000 Advanced Server
Microsoft Internet Information Server 5.0 (in Windows 2000)
Microsoft Data Access Compenents (MDAC) 2.1 (in Windows 2000)

DATABASE SERVER SOFTWARE:
Microsoft SQL Server 2000
Microsoft Data Engine (MSDE) (in Windows 2000)

CLIENT SOFTWARE:
Microsoft Internet Explorer 5 o superiore
Microsoft Office Web Components (Installabili direttamente dal Web Server)

MANUALE D'USO

L'applicazione è stata scritta con il linguaggio XML utilizzando come tool di sviluppo Microsoft Access 2000. Per cui l'interazione le informazioni può essere effettuata utilizzando il browser Explorer 5, questo vincolo è imposto dalle estensioni utilizzate nelle maschere.

La procedura si presenta suddivisa in quattro aree, per semplificare e distinguere le funzioni di aggiornamento.

- Schede Raccolta Dati
- Scenari di Rischio
- Protocollo d'Emergenza
- Altre funzioni

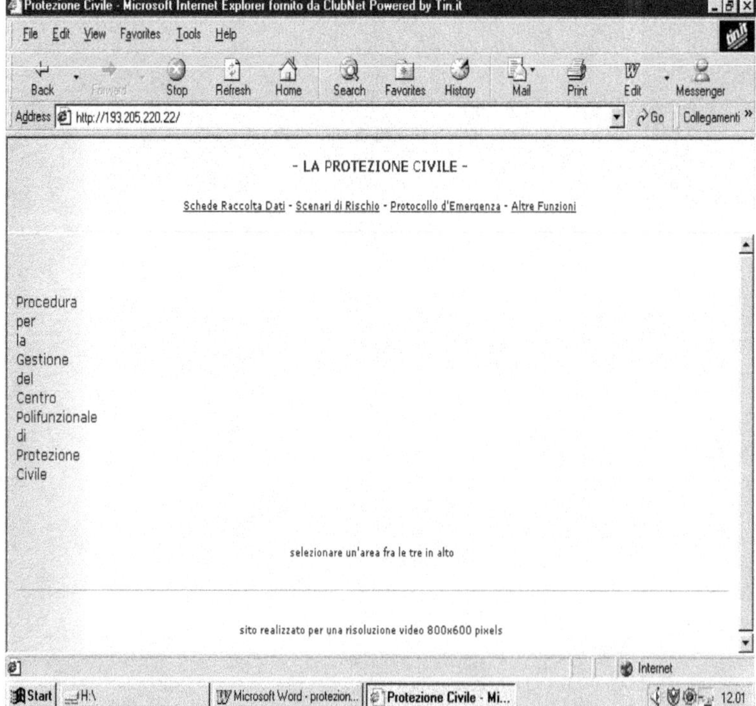

Ogni sezione prevede un menu dove è possibile visualizzare l'elenco dei dati collegato o l'inserimento di un nuovo elemento.

Per esempio:

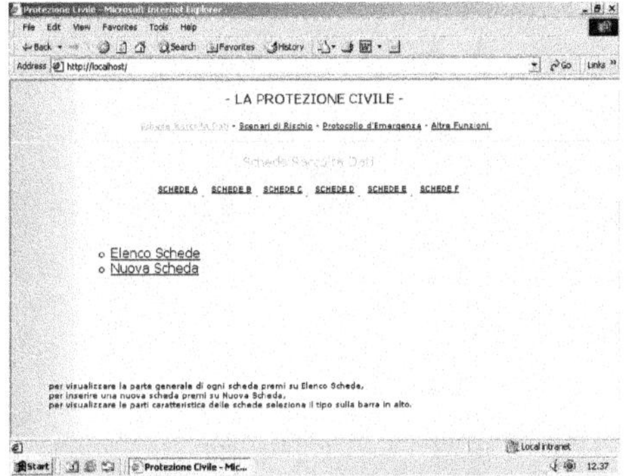

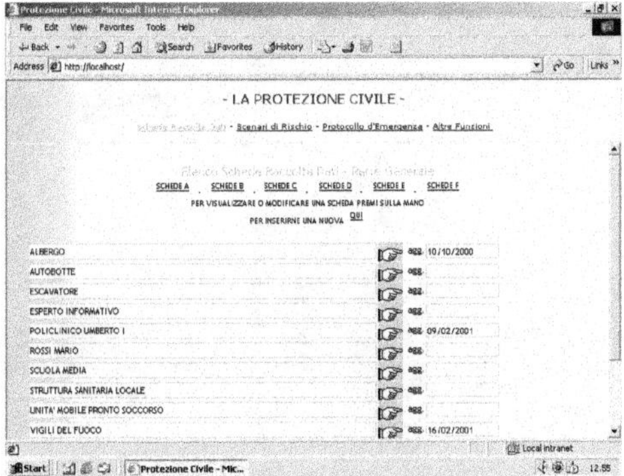

La sezione Schede Raccolta Dati è composta da 2 livelli di interazione, una per quanto riguarda le informazioni comuni a tutte le schede, mentre una specialistica per aggiornare i dati relativa alla tipologia della scheda.
Alla parte specialistica si accede selezionando uno dei sei pulsanti presenti sulle tutte schermate di quest'area.

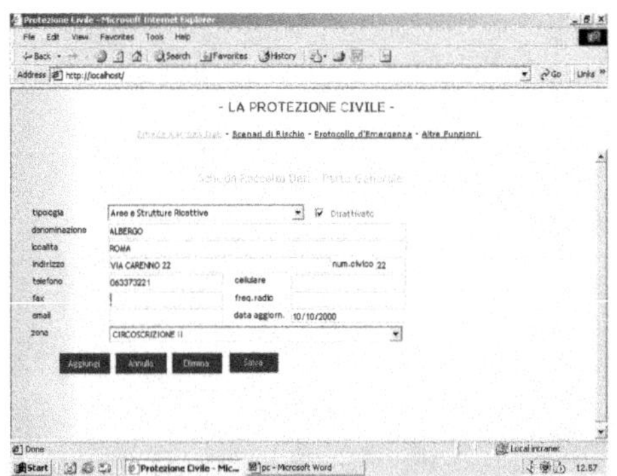

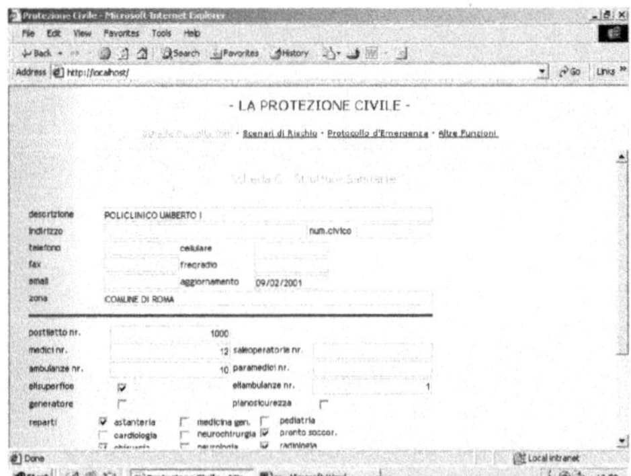

E' inoltre prevista una maschera che riepiloga tutti i passi dello scenario di rischio.

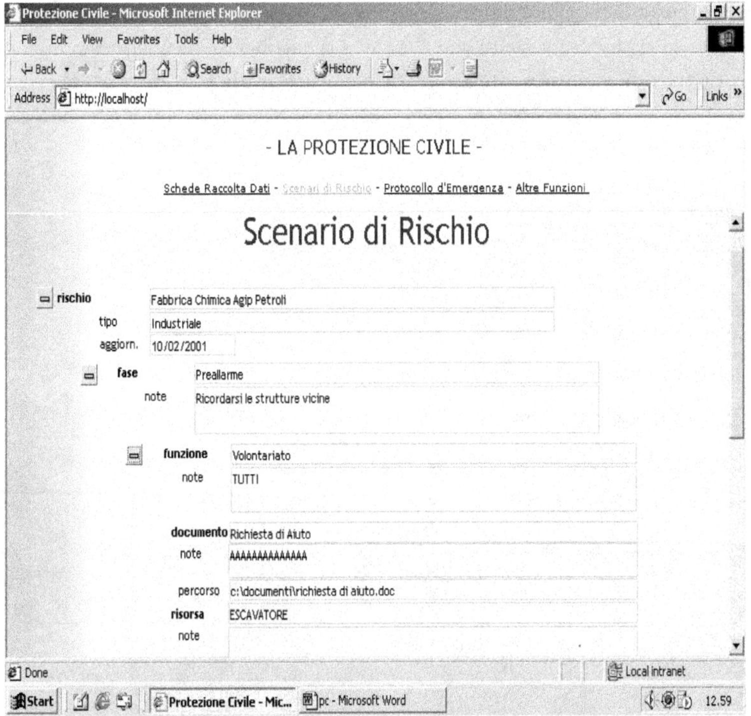

L'area scenari di rischio consente l'inserimento e aggiornamento dei modelli di intervento per determinati rischi. Quest'area è visitabile come una successione di passi, appunto per rimanere in stretta connessione con il modello operativo Augustus. Quindi si inserirà prima il tipo di rischio, poi si inseriranno la fasi, per ogni fasi le funzioni da attivare e per ogni funzione si può abbinare una o più risorse oppure l'emissione di un atto amministrativo.

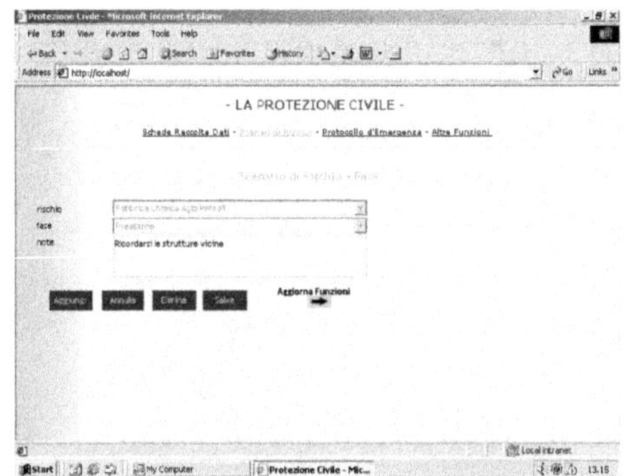

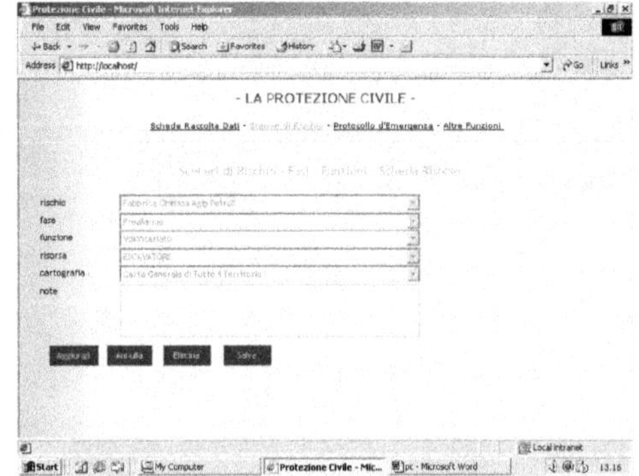

Il protocollo d'emergenza è strutturato in maniera analoga al modello degli scenari di rischio, l'unica funzionalità in più è la possibilità di interagire direttamente con la cartografia abbinata ad una determinata risorsa oppure con il testo del documento emesso.

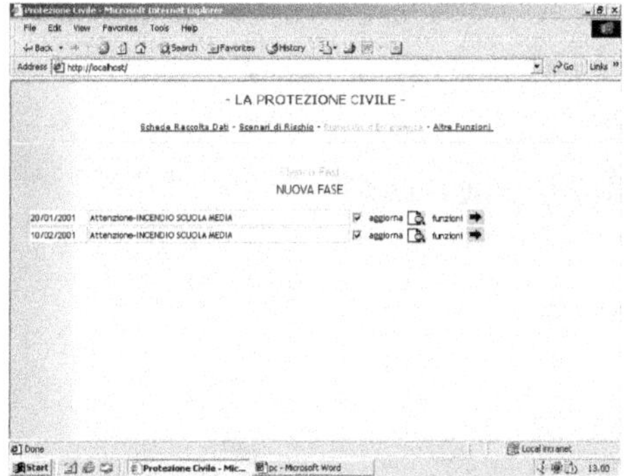

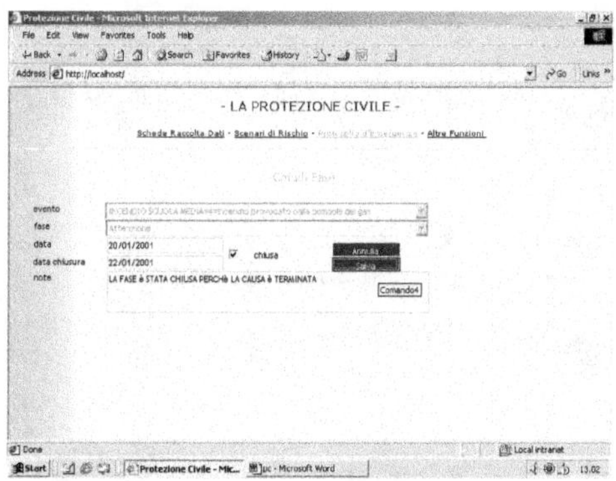

Anche qui previsto una maschera riepilogativa per visualizzare tutti i passi del protocollo.

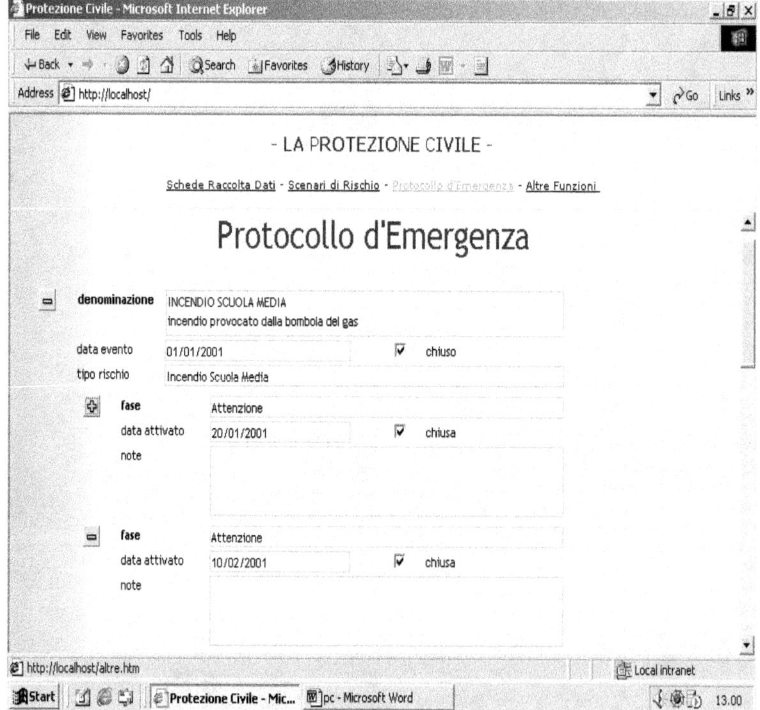

SITO INTERNET: CASI DI STUDIO E AGGIORNAMENTI

Come supporto utente è prevista la creazione di un sito sul quale sarà possibile scaricare oltre agli aggiornamenti della procedura, una serie di manuali operativi, la raccolta delle fonti normative e soprattutto un elenco di casi di studio utili come base per un eventuale scenario di rischio del quale si disconosce la modalità operativa d'intervento.

CONCLUSIONI

Questa procedura si inserisce in un progetto di formazione per responsabili di protezione civile a livello locale, in prima fase quindi sarà utilizzato principalmente come materiale didattico, successivamente verrà messa in produzione la versione definitiva che comprenderà eventuali funzionalità aggiuntive che sicuramente emergeranno nel corso delle giornate di formazione.

www.ingramcontent.com/pod-product-compliance
Lightning Source LLC
Chambersburg PA
CBHW071428170526
45165CB00001B/438

* 9 7 8 1 4 4 6 1 2 4 1 5 4 *